SAISON 1898

Prix : 75 cent.

GUIDE ILLUSTRÉ

DE L'ÉTRANGER

A LA STATION THERMALE DE

Vals-les-Bains

Le Comité d'initiative de Vals-les-Bains & du Vivarais

(PHOTOGRAPHIES COSTE)

SAISON 1898

UIDE ILLUSTRÉ

DE

L'ÉTRANGER

à la Station thermale de

VALS-LES-BAINS

Edité par le Comité d'initiative de Vals-les-Bains et du Vivarais

S'adresser pour tous renseignements à **M. Eugène Croze fils,**
à Vals-les-Bains

AVANT-PROPOS

En réunissant dans ce Guide les multiples attraits que présente pour le baigneur ou le touriste la station thermale de Vals-les-Bains, nous avons surtout cédé au désir d'être utile et agréable. Utile, en indiquant à ceux qui souffrent les ressources thérapeutiques et climatériques que présente la station ; agréable, en faisant connaître à tous les trésors que renferme cette délicieuse partie du Vivarais, intéressante entre toutes par sa nature vivante et son pittoresque décor.

A tous ceux qui, de près ou de loin, ont bien voulu contribuer à notre œuvre, nous dirons bien sincèrement : merci.

Merci particulièrement à la riche collection de **France-Album** qui a bien voulu mettre à notre disposition quelques-unes de ses remarquables illustrations. Nous ne saurions trop recommander à nos lecteurs son si intéressant Album spécial à la station et qui renferme les principales merveilles de Vals et de l'arrondissement de Privas.

Fort du bienveillant accueil qu'a rencontré dans toute la France l'œuvre à laquelle nous avons donné le jour, notre devoir est tout indiqué pour l'an prochain, nous n'y faillirons pas.

A vous baigneurs et touristes nous souhaitons une heureuse villégiature sur les bords riants de la Volane et de l'Ardèche, auprès de ces bienfaisantes naïades toujours sensibles à vos faiblesses.

NOUVEAU CASINO

DE

Vals-les-Bains

ARNAUD et VALCOURT, Directeurs

OUVERTURE DE LA SAISON: **16 JUIN 1898**

Tous les soirs, à 8 heures

REPRÉSENTATION

OPÉRA, OPÉRA-COMIQUE, TRADUCTION, OPÉRETTE, COMÉDIE

RÉPERTOIRE :

Opéra. — *Faust, Carmen, Mireille, les Pêcheurs de Perles, Paillasse* (opéra nouveau), *etc.*

Opérette. — *Les Petites Brebis*, de Varner, *la Princesse des Canaries, Mademoiselle Carabin, etc.*

Comédie. — *Le Député de Bombignac, le Sous Préfet, etc· Madame Sans-Gêne*, de Victorien Sardou.

ORCHESTRE COMPLET, SOUS LA DIRECTION DE M. TARTANAC

TOUS LES JOURS CONCERT AU KIOSQUE DU PARC

(concert classique)

Cercle du Casino

SALONS DE LECTURE, DE BILLARD

Café-Restaurant de premier ordre

ABONNEMENTS

pour la saison ou pour un nombre limité de jours

S'adresser pour tous renseignements au bureau de location du Nouveau Casino

LE BUREAU DE LOCATION EST OUVERT TOUS LES JOURS
le matin, de 10 à 11 heures, et le soir, de 1 h. 1/2 à 5 h. 1/2

PRIX DES PLACES :

Loges et baignoires (la place). 3 fr.   Fauteuils .... 3 fr.
Stalles de parquet, ... 2 fr.   Stalles de balcon .... 2 fr.
Galerie .... 1 fr.

VALS HISTORIQUE

———

'HISTOIRE véritable de Vals, c'est-à-dire sa transformation, remonte, on peut le dire, à quelques années seulement. Il y a trente ans environ, Vals n'était qu'une modeste bourgade où seuls les plus intrépides venaient s'aventurer ; les communications étaient difficiles et le confortable manquait. Le pays venait de traverser une longue crise religieuse dont les alternatives avaient été parfois terribles. L'initiative faisait défaut, le découragement même gagnait la plupart. Et cependant un trésor infini était caché dans ce sol schisteux et, s'il était soupçonné, s'il était même incontesté non seulement dans la région mais dans toute la France, nul encore n'avait songé à le mettre à l'épreuve. Des hommes d'action devaient heureusement, peu après, consacrer toute leur énergie à donner à Vals son véritable cadre tel qu'il est aujourd'hui et tel qu'on peut prévoir qu'il sera demain.

Vals est, en effet, à l'heure actuelle, une ville de 3.817 habitants : c'est le vrai centre du Vivarais.

Sans remonter au-delà du xviiᵉ siècle au risque de nous heurter à des données incertaines, nous pouvons du moins affirmer que, jusqu'à cette époque, Vals ne présente aucun intérêt réel, si ce n'est pour les historiographes, toujours en quête de nouvelles énigmes. Nous affirmerons cependant que les eaux de Vals n'ont point été connues des Romains, alors que, à quelques kilomètres, à Neyrac-les-Bains par exemple, des vestiges de la domination romaine sont chaque année un point de curiosité pour les baigneurs.

C'est vers 1601 seulement que l'on découvre à Vals, et pour la première fois, des traces d'eau minérale. On attribue à des pêcheurs cette première découverte. Pour le chroniqueur avide surtout de faits, c'est en 1600 qu'il reporte la première mention qui ait été faite des eaux de Vals. Cette mention, nous la trouvons dans un discours sur la propriété des eaux de Vals écrit par Claude Expilly, président au Parlement de Grenoble, venu vers 1609 à Vals à la suite d'une maladie de la pierre. Sa cure à Vals fut, paraît-il, heureuse, et ce fut pour lui comme un devoir que de célébrer, dans ses œuvres, les vertus jusqu'ici ignorées des eaux de Vals. Après lui, un apothicaire de Vals, Jacques Reynet, étudie plus profondément les eaux de Vals et fait déjà mention dans ses ouvrages de la Marie, de la Saint-Jean, de la Dominique et de la Marquise; son ouvrage est dédié à Marie de Montlaur, marquise d'Aubenas et dame de Vals. Après lui, le médecin Antoine Fabre, qui exerça à Aubenas, consacre aux eaux minérales de Vals une étude sérieuse et approfondie qui produit une grande influence dans le monde médical de l'époque; son ouvrage est intitulé : *Traité des Eaux minérales du Vivarais en général et de Vals en particulier.*

Déjà les eaux de Vals ont leur place marquée à la table de la haute société parisienne; elles commencent à circuler dans la France entière. Mais à quel prix? Les moyens de transport étant très coûteux c'était de l'or qu'il fallait donner en échange de cette eau. Quelle différence avec aujourd'hui où l'on peu avoir de l'eau de Vals à un prix relativement minime. Les gazettes de l'époque s'occupent de Vals et Mme de Sévigné elle-même n'avance-t-elle pas dans ses lettres : « L'un va à Vals parce qu'il est à Paris, l'autre à Forges parce qu'il est à Vals ; tant il est vrai que, jusqu'à ces pauvres fontaines, nul n'est prophète dans son pays ».

Vers 1670 Vals a donc une renommée qui va grandir sans cesse : malgré les fatigues d'un pénible voyage on se rend à Vals et de très loin. C'est l'époque ou Jean-Jacques Rousseau raconte que le docteur Fizes lui faisait boire à Montpellier de l'eau de Vals. Et devons-nous accorder quelque créance à Vauvenargues lorsqu'il écrit à Voltaire qu'une vieille femme du pays lui a fait quelques avances.

En 1784, un « chirurgien gradué » de Vals nous apprend que sur onze consultations trois s'adressent à des habitants du pays ; nous rencontrons une personne de Montpellier, deux de Nîmes, une de Bollène, une de Mâcon, une de l'Ile de France, un suisse et un irlandais.

Comme on le voit au moment de la révolution de 1789 les eaux de Vals ont passé déjà depuis longtemps dans le domaine de la médecine ; bien plus, elles ont déjà franchi les limites de la patrie.

VALS-LES-BAINS — Vue sur la Volane

Extrait de la collection de *France-Album*.

(Voir l'album n· 39. spécial à Vals et à ses environs.)

Au commencement de notre siècle, les deux frères Victorin et Auguste Fabre continuent par leurs écrits l'œuvre louable du chirurgien Arnaud. En 1845, Dupasquier, chimiste lyonnais, après avoir analysé la source découverte par Ferdinand Gaucherand en creusant les fondations de la maison qui forme actuellement un des pavillons du Grand Hôtel des Bains, organise autour de la nouvelle source un établissement de bains devenu aujourd'hui l'Établissement thermal. Tandis que le docteur Tourette s'efforçait de porter au dehors la renommée des eaux, Firmin Galimard, dont le nom demeurera inébranlablement attaché à la station, découvrait, à force de patience et de travail, l'inépuisable richesse hydrologique du pays. Les forages furent un jour interrompus par deux courants irrésistibles emportant tout sur leur passage et qui donnèrent naissance à la merveilleuse source Intermittente qui jaillit dans le parc de ce nom. Firmin Galimard et son digne successeur Auguste Clément furent les deux grands initiateurs de la station : qu'ils reçoivent au nom de tous l'hommage public de notre admiration.

A partir de ce moment Vals va progresser sans cesse, ses eaux vont devenir universelles jusqu'au jour où la ville elle-même rompra d'un seul coup ses liens pour prendre un plus grand essor. Les améliorations vont succéder aux améliorations et, en 1860, Vals n'aura pas de peine à atteindre le succès. C'est à cette date exactement que Vals devient réellement une station thermale. La ville va pour ainsi dire se déplacer et à cette antique bourgade bâtie sur la rive droite va s'ajouter une sorte de parterre garni d'élégants hôtels et de coquettes villas. Le mouvement va passer maintenant sur la rive gauche de la Volane et c'est vers ce côté que seront aménagées ces allées touffues, ces sentiers aux mille contours qui aboutissent à toutes ces sources perdues dans les bois. Grâce à l'initiative de la Société générale des Eaux, la station thermale de Vals-les-Bains est devenue aujourd'hui une station thermale par excellence où l'on accourt de tous les points de la France et qui peut rivaliser de pair avec les villes d'eaux les plus estimées. Elle a su en quelques années se placer au premier rang parmi les stations thermales et il faut le reconnaitre, malgré certaines défections, elle a toujours marché de l'avant. « Avec de l'eau comme vous avez et de l'air comme celui qui descend du Mezenc ou du Gerbier, disait l'an dernier à un de nos maîtres d'hôtel une de nos plus gentilles parisiennes, vous devriez guérir tous les malades. »

TOPOGRAPHIE DE VALS

ALS, naguère un petit bourg, aujourd'hui une ville
d'eaux réputée dans le monde entier, est située
au confluent de l'Ardèche et de la Volane, à ce
point précis où deux natures se heurtent au seuil des montagnes, à l'entrée de deux vallées excessivement resserrées.
Son altitude est de 242 mètres. La hauteur moyenne du baro-
mètre y est de 735 millimètres.

En arrivant à Vals, l'aspect gracieux de cette charmante
cité vous séduit et vous enchante. On dirait un nid de verdure
voluptueusement suspendu sur les sinueux contours de la
Volane.

Après être sorti de la gare et avoir traversé le petit bourg
de Labégude, on arrive en quelques secondes au pont monumental bâti sur l'Ardèche depuis les dernières inondations.
Déjà, on embrasse d'un seul coup d'œil la charmante station
du Vivarais. Les tuiles rouges et les toits d'ardoise de son
Casino, la flèche de son église et, là-haut, juché à mi-côte,
le château de la Chataigneraie, arrêtent le regard qui plonge
dans son sein comme à la surface d'un champ d'une extrême
fertilité. Partout, en effet, des arbres élancés mêlent leurs
tons verts à la teinte blanche ou à l'ardoise des maisons et les
hôtels, merveilleusement situés, semblent s'élever au milieu
d'un bois touffu.

Son climat, son incomparable campagne, ses environs si
mouvementés, riches en souvenirs héraldiques, ses ver-
doyantes collines, ses deux rivières se réunissant sans tumulte,
la fraîcheur de ses bosquets, le doux murmure de ses ruis-
seaux qui s'émiettent à travers les rochers, la vertu des eaux
de ses sources, ses distractions et ses fêtes, en ont fait le lieu
de prédilection de tous ceux qui entendent la vie simple et
facile au sein même de la nature.

Si le littoral méditerranéen est le lieu favori des stations hivernales, Vals est la reine des villes d'eaux et des stations thermales.

La ville est divisée en deux tronçons bien distincts : d'un côté, Vals l'ancien ; de l'autre, Vals moderne. Diverses passerelles réunissent les deux parties. Vals l'ancien a conservé les vestiges du passé. Une course intéressante pour les baigneurs est assurément celle de traverser le vieux Vals et de monter jusqu'aux ruines du Château et au Calvaire. Ils pourront aisément reconnaître l'emplacement du château, au sud du fort, aux quelques pans de murailles qu'ils apercevront et à l'étroite porte cintrée où l'on accédait par un pont-levis.

On peut distinguer trois mamelons le long du promontoire qui s'élève au confluent de la Volane et du Voultour. Le Château repose sur celui du milieu et le Calvaire couronne le plus médian. Ce Calvaire, que nous recommandons comme but de promenade aux hôtes de la station, est dû à un chirurgien de Vals du siècle dernier, protestant converti, nommé Malmazet qui, à la suite d'un pélerinage en Palestine, fut frappé de la ressemblance de ce lieu avec le théâtre du supplice de l'Homme-Dieu, et résolut de laisser à son pays un souvenir de Jérusalem. Il acheta donc le monticule dit autrefois « terroir de Chanaleilles », y construisit une chapelle et établit un chemin de croix qui fut inauguré le 25 janvier 1735. Ce Malmazet possédait à Vals le domaine de Navet, situé à l'entrée de Vals et dont aujourd'hui la démolition de la ferme, située à l'entrée de Vals, au carrefour des deux routes, est une question de temps.

Le Chemin de Croix s'étendait de la basse rue de Vals — la *carreria recta* — jusqu'à la chapelle du sommet. Le Calvaire eut beaucoup à souffrir de la tourmente révolutionnaire et c'est à feu l'abbé Gervais que l'on doit la chapelle actuelle et les tableaux en fonte bronzée des stations. La dédicace de ce nouveau calvaire eut lieu solennellement en 1863.

Vals moderne présente deux tranchées distinctes : d'un côté le Voultour ; de l'autre, la Volane, c'est-à-dire la partie comprise entre le Voultour, l'Ardèche et la Volane d'un côté, et de l'autre toute la rive gauche de la Volane. Sur la rive gauche de la Volane s'étendent aujourd'hui la majeure partie des sources, l'avenue Farincourt, les parcs et, enfin, les meilleurs hôtels, l'Etablissement thermal, ses annexes, l'Intermittente. C'est le lieu des réjouissances mondaines, des réunions, des plaisirs. Avant peu, espérons-le, ce lieu trop

AUBENAS — Vue générale

Extrait de la collection de *France-Album*.

(*Voir l'album n° 39, spécial à Vals et à ses environs*).

étroit aujourd'hui comprendra le grand quadrilatère qui a pour base le grand Casino et son parc et pour sommet la ferme du Navet. De sérieuses améliorations sont à l'étude de ce côté et nous faisons les vœux les plus sincères pour qu'elles aboutissent au plus vite.

Le climat de Vals est des plus doux et des plus tempérés ; l'hygiène y est élevée au suprème degré. La vie s'écoule en cette station si salubre dans un milieu essentiellement pur et si nous y respirons à pleins poumons l'air si oxygéné de la Volane c'est que nous éprouvons comme un sentiment général de bien-être qui se traduira à la fin du traitement par un accroissement de nos forces locomotrices qui aura pour conséquence directe un surcroit d'énergie vitale.

Vals, nous l'avons dit, est enserrée entre deux montagnes et forme, d'un bout à l'autre, comme une sorte de couloir. Gravissons les crêtes de ces deux collines d'un parallélisme exagéré : c'est une suite infinie, de quelque côté que l'œil se tourne, de tableaux variés qui se déroulent sous les yeux du spectateur et on sent se développer en soi un sentiment intime, le sentiment de la nature, de cette nature prise au vif, que les vrais artistes et les âmes d'élite éprouvent seuls.

Partout, du reste, à Vals comme aux environs, ce sentiment vous pénètre.

Des fleurs, de la verdure et de l'eau, que peut-on demander de plus quand le soleil d'été verse sur la terre des flots de chaleur ? A cette époque, Vals est comme une oasis privilégiée. L'ombre de ses parcs et de ses avenues, les concerts quotidiens au kiosque du Nouveau Casino, les charmes de ses grottes, l'attrait de la société dans les hôtels et les villas en font un lieu de délice où la société la plus élégante et la plus choisie se donne rendez-vous. C'est le cas de répéter le mot de Mme de Sevigné et de l'appliquer à la campagne de Vals : « Si les bergers de l'Astrée revenaient de ce monde, elle ne pourrait les voir vivre ailleurs que dans ce paysage. »

CONSEILS AUX BAIGNEURS

NE erreur qu'il convient de combattre et contre laquelle nous ne saurions assez nous élever consiste à croire que la saison ne s'ouvre réellement à Vals que le 15 juin. Disons tout de suite que la saison officielle commence le 15 avril et finit le 1er novembre. C'est la saison proprement dite et nous ne saurions trop recommander aux malades de venir faire leur cure en avril ou en mai, époque généralement la plus favorable et pendant laquelle le régime des eaux alcalines à minéralisation puissante produit un effet certain sur l'économie générale et sur l'altération pathologique du sang. De plus, à cette époque, hôtels et villas sont moins encombrés et peuvent mieux satisfaire aux multiples besoins de leur clientèle.

La saison se poursuit aussi durant le mois d'octobre, un des plus beaux de l'année à Vals.

Aux personnes qui viennent à Vals pour faire une cure nous conseillerons les mois d'avril et mai, septembre et octobre ; aux touristes et aux personnes avides de plaisir et de distraction ou désireuses d'enrayer une affection débutante, les mois de juin, juillet et août. C'est pendant ce dernier mois qu'arrivent en bande joyeuse les échappés du collège et du barreau, les magistrats et les professeurs, ivres surtout d'air et de liberté. La saison bat alors son plein et rien ne peut donner l'idée de l'animation qui règne dans la ville et ses environs.

*
* *

Il n'est point nécessaire de dépenser beaucoup d'argent pour venir faire une saison à Vals. La station thermale de Vals est accessible à toutes les bourses ; dans nulle autre station, les logements, la vie ordinaire ne sont moins chers et c'est ce qui fait que chaque année le nombre des baigneurs augmente sans cesse.

Les prix varient, suivant l'époque et la situation du logement, entre 5 et 14 francs par jour, tout compris, logement et nourriture.

Les bons hôtels étant généralement encombrés pendant les mois de la belle saison, il est utile de retenir ses appartements. Beaucoup de malades qui reviennent à Vals chaque année le savent par expérience et n'hésitent point à écrire plusieurs semaines à l'avance.

Les étrangers trouvent à Vals tout ce qui est de nature à satisfaire leurs goûts. Des magasins somptueux rivalisent chaque année de luxe pour donner à leur clientèle la note du bon ton et de l'élégance.

Si la durée du trajet entre pour une grande part dans les prévisions d'un voyage, nous pouvons affirmer que nous ne cesserons de réclamer les voies les plus directes pour faciliter le voyage de Vals. Déjà, cette année, les horaires ont été modifiés et permettront aux baigneurs d'effectuer le trajet en un temps moindre. Pour nous, ce que nous persisterons à réclamer, aidés par les pouvoirs publics, c'est d'abord une communication directe avec les trains rapides venant de Paris et allant directement de Valence à Vals et *vice versa,* puis la création de voitures spéciales portant la mention « Vals » qui partiraient par les principaux trains de Marseille, de Montpellier par Nîmes, et de Paris par Lyon, de façon à éviter aux voyageurs ces interminables changements de voiture.

*
* *

Nous ne saurions trop mettre en garde le public contre un des fléaux de la station : le *pistage.*

Dès la gare du Teil, des individus se présentent à vous, cherchent à lier conversation pour vous dire qu'ils connaissent un bon hôtel où vous serez bien, etc., etc. Vous vous laissez prendre, et la plupart du temps tombez dans un hôtel de sixième ordre, en payant tout aussi cher, si ce n'est plus, que dans un bon hôtel, car le pisteur qui vous a indiqué l'hôtel en question touche une indemnité de tant par jour, ce qui augmente d'autant plus le prix de votre séjour.

A l'aide du *Guide de l'Etranger à Vals,* écrivez aux hôtels indiqués, aux maisons recommandées et arrêtez d'avance le prix de votre séjour.

Pavillon de la Source du Parc

L'étranger est sûr de rencontrer à Vals un accueil cordial: les Valsois sont à l'égard de leurs hôtes, de quelque pays qu'ils viennent, pleins d'aménité et de bienveillance. Les personnes qui reviennent depuis plusieurs années peuvent en témoigner et ont comme droit de cité au milieu de cetie population valsoise, heureuse de les voir partir en bonne santé, après avoir goûté pendant quelques semaines au bonheur le plus complet.

L'ARRIVÉE A VALS

Vous voici, cher lecteur, dans ce merveilleux Eden, au cœur même du Vivarais, au pays des cratères et des eaux minérales. C'est sous ce ciel privilégié que vous allez rajeunir votre organisme, puiser une vie nouvelle dans les eaux minérales dont Vals est si richement dotée et dont les prodiges ne comptent plus : un mois suffira à la fée des Sources pour opérer cette transformation magique, car elle a pour ses serviteurs la Science ; ses adeptes sont nombreux, et la Renommée a déjà bien des fois proclamé leurs noms. Si votre médecin n'est pas désigné, si vous n'avez pas choisi votre hôtel, ouvrez alors votre guide et choisissez vous-même, assuré que vous êtes de trouver toujours bon gîte et bonne table.

Quant aux hôtels, il n'en est pas un dont les étrangers qui l'habitent ne fassent l'éloge, pas un qui ne conserve ses clients et ne les voit revenir l'année suivante. Les hôteliers de Vals font assaut d'aménité : ils rivalisent d'attention pour leurs hôtes, s'intéressent à leur santé, suivent les progrès du traitement et leur prodiguent de tout cœur les meilleurs soins en cas d'accident.

Tous ces détails, très véridiques et très sincères, ne sont point indifférents. Le bien-être à l'hôtel a quelque chose qui rappelle le chez soi ; c'est le rêve du voyageur.

La vie de famille, si justement enviée par la clientèle de Vals, présente dans cette délicieuse station toute une série d'attraits : le prix des villas et chalets est très abordable et permet à diverses familles, tout en se groupant sous un même toit, de prendre en commun des réjouissances.

Aussitôt installé à l'hôtel et après quelques heures d'un repos bien gagné, le malade en traitement à Vals a pour premier devoir de rendre visite à son médecin.

Beaucoup sont envoyés directement par leur médecin à l'une des sommités médicales de la station ; quant aux autres il leur sera facile de choisir un médecin en consultant la liste ci-dessous des médecins consultants :

MM. CHABANNES fils, Avenue Farincourt ;

    CHARRETON, Source du Parc ;

    CHARVET, Avenue de la Gare ;

    GAUCHERAUD, Avenue de la Gare ;

    LAGARDE, villa Lagarde ;

    OLLIER, villa Ollier ;

    LÉON, chirurgien-dentiste américain.

Il est indispensable pour une bonne cure de varier autant que possible ses distractions. A Vals plus qu'ailleurs, la gaieté est méridionale. D'un bout à l'autre de la station ce ne sont que des rires qui éclatent, des bandes joyeuses qui se mesurent sur les Quinconces en des tournois divers, des groupes éparpillés autour du kiosque du Casino pour écouter les sonneries de l'orchestre et là-bas, alignés le long de la Volane, une kyrielle de pêcheurs attendant patiemment de pouvoir emporter à leur maître d'hôtel une de ces succulentes truites de la Volane.

Et puis on a si vite fait connaissance à Vals. On organise entre gens de bonne compagnie des parties délicieuses aux alentours et le soir, alors que nymphes et naïades gémissent en leurs grottes profondes, la déesse Terpsichore réunit autour d'elle en des valses endiablées ses plus fervents adeptes.

A Vals, peut-être plus qu'ailleurs à cause de la suractivité organique produite par l'absorption de l'eau minérale, il est nécessaire que la vie matérielle réponde aux exigences créées par le traitement thermal. L'accroissement d'appétit, que nous avons reconnu être la première conséquence de l'ingestion des eaux, mérite d'être satisfait dans une juste mesure par l'abondance et la variété de la table. A son tour cette suralimentation appelle un surcroît d'exercices physiques qui, sans aller jusqu'à la fatigue permette néanmoins d'équilibrer le budget des recettes et des dépenses physiologiques. Il ne faut pas oublier en outre que la plupart des maladies traitées à Vals, maladies de l'estomac et affections du foie, ont malheureusement pour caractère commun de pousser leurs victimes à une sorte de tristesse noire allant parfois jusqu'à la mélancolie maniaque. Donner des distractions aux malades, les aider à vivre en chassant les idées noires par des plaisirs de chaque instant : musique, promenade, spectacle, mouvement incessant, c'est la seule façon d'assurer le succès du traitement minéral. Il faut donc que chaque heure amène pour eux une détente ou un délassement, qu'ils se sentent ramenés à la vie par une multitude de fils invisibles, qu'ils oublient les douleurs de la veille et les craintes du lendemain ; en un mot qu'ils quittent Vals à la fin de leur cure non seulement l'estomac neuf mais le moral transformé.

La vie de Vals peut donc se résumer : table abondante, promenades agréables, distractions de chaque instant. Vals a si bien réalisé ce programme qu'il y a presque plaisir à être malade dans cette station privilégiée et que chaque visiteur s'empresse après sa propre guérison d'envoyer les siens à la fontaine de Jouvence.

SOURCÈS VIVARAISES

Nᵒˢ 1, 3, 5, 7, 9.

VALS — Château de la Châtaigneraie
Pavillon des Sources Rigolette - Désirée
Pavillon de la Source Saint-Jean

Extrait de la collection de *France-Album*.   (*Voir l'album n° 39, spécial à Vals et à ses environs*)

LA JOURNÉE A VALS

ÈS l'aube, Vals s'anime et s'éveille. Le soleil n'a pas encore paru de derrière la montagne que déjà cuisiniers et cuisinières se dirigent vers le marché. Les maraichers des environs arrivent de bonne humeur malgré l'heure matinale.

A 5 heures, les baigneurs affluent vers l'Etablissement thermal pour prendre le bain ou recevoir la douche. Vers les 8 heures, chacun se précipite chez les marchands de journaux pour connaître les nouvelles du jour. C'est l'heure de prendre son eau, de se promener à travers les parcs et les avenues, en attendant le fameux coup de clochette de dix heures qui est comme le signe de ralliement de la colonie étrangère autour des tables somptueusement servies.

Le repas du matin offre des éléments de gaieté, d'animation, de causerie qui se traduisent fréquemment au dessert par des propositions de promenades et d'excursions aux environs, tantôt en voiture, tantôt à bicyclette.

L'après-midi s'écoule au milieu d'un enthousiasme délirant : chacun prend ses positions suivant ses aptitudes. Vers tous les points se dirigent de joyeuses caravanes : ce sont les intrépides de la montagne, heureux de découvrir quelque accident nouveau ; les petits ânes d'Ucel, enfourchés par de charmants enfants, attendent de bon cœur leurs cavaliers, tandis que les fervents de la pédale, prestes et agiles, disparaissent comme un éclair.

Dans la station, point d'oisifs. Aux Quinconces, boulomanes et crockettistes s'en donnent à plaisir. Ce sont d'interminables parties qu'engagent nos excellents méridionaux sous les yeux d'un public toujours friand de ces sortes de jeux.

A quelques mètres, l'orchestre du Casino vient d'attaquer son premier morceau. Une brise légère, comme tamisée, anime joyeusement la société choisie qui se presse dans le Parc pour suivre la baguette du maëstro. Dans ce lieu aux mille senteurs, que nul rayon n'incommode, nos mondaines, toutes étincelantes, font assaut d'élégance.

Au milieu de toutes ces chatoyantes couleurs qui se marient agréablement, à entendre surtout ce rire gaulois résonner à vos oreilles, qui oserait encore douter que la vie mondaine n'existe point à Vals ou qu'on s'ennuie dans cette perle du Vivarais.

Ne cessons pas de le répéter, Vals est bien la station du plaisir et de la grâce. La meilleure preuve est que tous les étrangers la quittent chaque année avec regret en se demandant avec anxiété s'ils pourront jamais la revoir.

Qui oserait soutenir qu'en Savoie ou en Suisse les soirées sont aussi caressantes que sur les rives de la Volane et pourquoi irions-nous chercher à l'étranger ce que nous possédons au suprême degré ?

Qui que vous soyez, poètes ou philosophes, pessimistes même, avez-vous été plus profondément pénétrés et la nature s'est-elle révélée en vous avec autant de mystère que sur les rives de la Volane ou sur les massifs de la Châtaigneraie, alors que vous aperceviez devant vous se cacher le disque brûlant et bientôt après apparaître la forme lunaire. Loin du monde et du bruit, votre âme s'est agitée et est devenue pensive. L'émotion vous a gagné malgré vous et, tandis que vous étiez captivé par cette nature insondable qui venait de vous étreindre, vous alliez vous jeter dans les bras de Morphée le cœur plein de généreuses illusions.

SOURCE PHÉNIX

VALS — Parc du Casino — La Source Intermittente
L'Établissement thermal

LA CURE A VALS

Les affections les plus généralement traitées à Vals sont les maladies de l'estomac ou mieux la dyspepsie, les affections du foie telles que l'hypérémie, l'ictère, les coliques hépatiques, les calculs biliaires, les engorgements de la rate, le diabète ou glycosurie, l'albuminurie, la gravelle, les calculs urinaires, les coliques néphrétiques, le catarrhe vésical, le rhumatisme, la goutte, les maladies de la peau d'origine arthritique, quelques maladies de la matrice ou engorgement des ovaires et enfin la chloro-anémie.

Vals est la seule station à posséder pour caractéristique la gamme des sources bicarbonatées sodiques les plus fortes jusqu'aux plus faibles en passant par les minéralisations moyennes. C'est encore la seule à pouvoir combiner avec le traitement alcalin minutieusement gradué, le traitement arsenical par la Dominique, source unique au monde.

Les sources alcalines de Vals sont froides, mais quelques-unes (Marquise, Alexandre) sont d'une température presque tiède qui leur donne des propriétés sédatives incontestables. La Dominique et la Saint-Louis elle-même, sources ferrugineuses et arsenicales, n'ont pas la même température : la première est très fraîche et la seconde presque tiède. Un tel rapprochement de sources minérales à indications si différentes permet de faire en même temps ou successivement dans le même lieu deux traitements qui souvent se complètent l'un l'autre.

Les médecins de Vals procèdent avec modération dans l'administration de l'eau minérale. On en boit d'abord un verre le matin et un le soir : on augmente insensiblement jusqu'à quatre ou cinq verres. On dépasse rarement un litre par jour. Cette dose suffit généralement pour amener la saturation alcaline de l'économie : aller plus vite et débuter par de grandes quantités d'eau minérale ce serait s'exposer à des congestions dangereuses à cause de l'activité excessive imprimée brusquement à la circulation du sang. Pour les mêmes raisons, il ne faut point cesser brusquement le traitement ni, pendant sa durée, interrompre même pendant un jour ou deux l'ingestion de l'eau minérale.

Les eaux se boivent en deux fois, une ou deux heures avant les principaux repas : quand on doit boire plusieurs verres il est préférable de laisser un petit intervalle entre chacun d'eux en faisant une promenade chaque fois pour faciliter leur digestion.

Nous ne saurions trop recommander aux malades pour les bains également de suivre exactement les prescriptions du médecin. Beaucoup de malades ont une tendance à prendre les bains d'eau minérale trop chauds et trop prolongés ce qui est une cause d'affaiblissement sans aucun profit d'autre part. D'une façon générale, pour les bains minéraux comme pour les eaux prises aux sources, les médecins conseillent maintenant la modération à leurs malades.

Une tendance particulière du traitement thermal est de provoquer chez certaines personnes la constipation. Pour combattre cette forme du traitement, les médecins ordonnent en général la *Cascarine Leprince*, substance chimique parfaitement définie, toujours identique à elle-même dans sa composition chimique comme dans ses effets physiologiques. La *Cascarine Leprince* représente le vrai principe de la Cascara. C'est un médicament précieux pour combattre la constipation habituelle résultant de la paresse de l'intestin ou du manque de sécrétion biliaire. Tout en provoquant cette sécrétion, elle devient un puissant antiseptique puisqu'elle purge en même temps l'intestin des microbes inoffensifs pouvant, sous l'action des fermentations intestinales, devenir pathogènes.

SOURCE ALEXANDRINE

L'ÉTABLISSEMENT THERMAL

L'ÉTABLISSEMENT thermal de Vals a été fondé en 1845 par Dupasquier. Il est situé au cœur même de la station et placé sous la direction d'un homme que ses observations météorologiques ont rendu célèbre, M. Vaschalde. L'installation y est parfaite, d'après nos dernières lois modernes, et les prescriptions des médecins consultants y sont ponctuellement exécutées.

Il se compose de trois corps de bâtiments : deux consacrés à la balnéation, le troisième à l'hydrothérapie.

L'établissement balnéaire comprend cinquante-sept cabines, dont cinq réservées aux bains ferro-arsenicaux de la source Saint-Louis. Les baignoires sont alimentées par les eaux de la source Alexandre, source bicarbonatée sodique forte, qui jaillit dans la cour même de l'établissement. La quantité de gaz acide carbonique que dégage cette belle source a permis d'organiser une salle d'inhalation de ce gaz pour les affections des voies respiratoires. Des douches vaginales de ce même gaz sont installées dans un des vestiaires de l'Institut hydrothérapique.

L'Institut hydrothérapique, de construction plus récente, peut rivaliser avec tous les établissements de même nature. Nous signalerons particulièrement les salles de sudation à coupole byzantine, mesurant trente-six mètres de surface sur huit d'élévation, richement décorées à l'orientale.

Les bains de vapeur y sont donnés avec toutes les précautions nécessaires : l'aération ou la ventilation sont parfaites; la température est élevée, maintenue ou abaissée à volonté et, contrairement aux anciens systèmes, le sang est attiré à la périphérie et aux parties inférieures et la sudation complète peut être obtenu en douze ou quinze minutes.

L'Établissement Thermal

Nulle station mieux que Vals, dont les sources fournissent de véritables torrents d'acide carbonique pure, n'est plus propre à cette médication. Les inflammations chroniques ou accidentelles des muqueuses, le rhume de cerveau (coryza), les affections catarrhales de l'arrière gorge, de l'utérus etc, sont favorablement modifiées par les douches de gaz acide carbonique qui agit dans ce cas comme agent analgésique, antiseptique et cicatrisant.

Les inhalations d'oxygène fournissent au traitement thermal de Vals un adjuvant d'un grand intérêt en le faisant pénétrer au sein de l'économie et en facilitant ainsi les échanges organiques. Elles agissent comme éléments comburant sur les produits morbides modifiant la composition normale du sang. Le gaz oxygène est préparé artificiellement et obtenu très pur. On l'administre à la dose de dix à vingt litres par séance. Il traverse une solution de benjoin et est ensuite degluté par la bouche.

Des salles spéciales sont affectées au lavage de l'estomac.

Le massage, dont l'influence est si salutaire dans le traitement des maladies articulaires goutteuses ou rhumatismales, est pratiqué d'une façon habile par des doucheurs expérimentés.

Enfin deux baignoires sont mises gratuitement à la disposition des indigents sur le vu d'un certificat d'indigence délivré par MM. les préfets ou par M. le maire de Vals et d'une ordonnance délivrée par MM. les médecins consultants de Vals indiquant le nombre des bains à prendre.

Nous donnons ci-après le tarif du Grand Etablissement thermal de Vals, propriété de la Société Générale des Eaux minérales de Vals :

SOCIÉTÉ GÉNÉRALE DES EAUX MINÉRALES DE VALS

Grand Etablissement Thermal

TARIF

```
Bain alcalin (1 peignoir, 2 serviettes).................  1   »
     —            —            —       avec massage.....  1 50
     —      (1 fond de bain, 2 peign., 3 serv.).........  1 25
     —            —            —            —   av. mass. 1 75
```

Bain St-Louis (1 fond de bain, 2 peign., 3 serv.)........... 2 »
— — — — av. mass. 2 50
Bain sulfureux (1 fond de bain, 2 peign., 3 serv.)....... 2 »
— — — — av.mass. 2 50
Bain de siège (1 peign., 2 serv.)........ .... 1 »
— St-Louis (1 peign., 2 serv.)............. 1 50
Bain de pieds (2 serv.)............................... 0 50
Bain de vapeur avec douche froide (2 peig., 2 serv.).... 2 »
— — — — av.m. 2 50
Douche froide (2 peig., 2 serv.)..................... 1 50
— — — avec massage .... 2 »
Douche chaude (2 peign., 2 serv.)................... 2 »
— — — avec massage........ 2 50
Douche ascendante (2 serviettes)..................... 0 75
Douche pharyngienne (2 serviettes) 0 75
Douche vaginale d'acide carbonique...... .. .. 1 »
Inhalation de gaz acide carbonique................... 0 75
Location d'un pulvérisateur (pour la journée).......... 1 »
Chaise à porteurs (aller et retour)................... 1 »
— (simple course)..................... 0 75
Peignoir spécial numéroté............................ 2 »
Massage avec friction au gant de crin (durée 10 minutes) 1 »

Abonnement. — Douze cartes de même nature et prises ensemble donnent droit a une treizième, à titre gracieux.

NOUVEL ÉTABLISSEMENT THERMAL
BAINS ET DOUCHES
Ouvert du 15 avril au 1er novembre

L. DUPLAN & Cie, boulevard Farincourt

Cet établissement, de construction récente et d'une organisation irréprochable, se recommande par la modicité de ses prix et sa situation au centre de plusieurs groupes de sources.

TARIF DES BAINS ET DOUCHES

Bains alcalins........	1	»	Douches froides......	1	25
— sulfureux......	1	»	— tièdes	1	50
— ferrugineux....	1	50	— chaudes....	1	50
Massage au gant de crin ..	gratuit		— écossaises..	1	50

Abonnements à prix réduits.

EFFETS ET PROPRIÉTÉS DES EAUX DE VALS

’ANALYSE des eaux de Vals accuse nettement que ces eaux sont alcalines, à cause du bicarbonate de soude qui domine leur minéralisation. Elles renferment d'autres éléments, tels que fer, arsenic, acide phosphorique, silice, sulfate de soude, etc., etc. Elles sont, en outre, très riches en acide carbonique libre. Toutes ces propriétés réunies contribuent à assurer leur action thérapeutique et, chose remarquable, ces mêmes éléments sont contenus à peu près dans les mêmes proportions relatives dans le sang normal dont la minéralisation est ainsi à peu près celle des eaux de Vals. On comprend dès lors l'importance de ce phénomène dans lequel se trouve le secret du rapide succès de l'eau de Vals, toutes les fois qu'il s'agit de rétablir l'alcalinité du sang détruite par la présence dans le liquide nourricier de produits anormaux généralement acides résultant d'une nutrition vicieuse ou d'une assimilation imparfaite.

A l'extérieur, en bains, l'eau de Vals produit, par son alcalinité, une sorte de décapage de la peau, en débarrassant l'épiderme de toutes les matières grasses qui s'y déposent, obstruent les glandes qui produisent la sueur et empêchent la respiration de la peau. A cette première action presque mécanique se joint l'excitation produite sur la peau par les éléments minéraux de l'eau et le gaz qui y est dissous. Comme résultat de cette double action, on constate une impulsion plus vive donnée à la circulation sous-cutanée et à la vie de la peau dont on connaît l'importance pour la santé générale.

A l'intérieur, prise en boisson, l'eau de Vals a pour premier résultat le nettoyage des premières voies et de tout le trajet gastro-intestinal, analogue au décapage extérieur produit par les bains. Le bicarbonate de soude entraîne, en les délayant comme un savon, toutes les impuretés grasses qui salissent la muqueuse intérieure et obstruent l'orifice des innombrables petits organes chargés, les uns de secréter les sucs de l'estomac et de l'intestin, les autres d'absorber les produits élaborés de la digestion. La muqueuse ainsi débarrassée prend sur tout son parcours une vie plus intense, encore accrue par l'excitation propre des éléments minéraux de l'eau de Vals. Cette suractivité se manifeste surtout dans l'estomac par une production plus abondante du suc gastrique et dans l'intestin par une absorption plus considérable des produits élaborés de la digestion. Ces phénomènes se traduisent tout d'abord par une augmentation considérable de l'appétit, l'amélioration des actes de la digestion et un accroissement notable de la nutrition et de l'assimilation.

Tel est le premier bénéfice de l'absorption de l'eau de Vals : une activité plus grande de la vie organique, de la digestion et de la circulation principalement ; une sensation de vigueur, un bien-être général, une résistance à la fatigue, que les malades sont les premiers à reconnaître dès le début du traitement.

A cette première action superficielle viennent s'ajouter les effets de l'absorption des éléments minéraux de l'eau dont l'économie s'imprègne si complètement que tous les liquides et toutes les sécrétions, le sang, la bile, la sueur, les urines donnent, au bout de quelques jours, une réaction manifestement calcaire : de là, des conséquences que nous devons expliquer en quelques mots. Dans l'état de santé, nos humeurs sont alcalines ; le sang normal est alcalin, et c'est dans un milieu alcalin que s'accomplissent les principaux actes de la vie organique : digestion, absorption, circulation. Pour absorber facilement l'oxigène et favoriser l'oxydation des déchets organiques généralement acides qu'il abandonne au filtre rénal, le sang doit être alcalin. Or, dans un grand nombre de maladies, tenant à un vice de nutrition, dans toutes les affections connues sous le nom d'arthritisme, par exemple, le sang charrie une quantité de produits incomplètement élaborés, la plupart acides, surtout de l'acide urique n'ayant pu se transformer en urée, et ces déchets organiques se déposent à l'intérieur des tissus, aux articulations ou dans le foie ou dans les reins et la vessie après avoir fait perdre au sang son alcalinité. L'eau de Vals est alors seule capable de contre-balancer et d'arrêter les désastreux effets de l'acidification de l'organisme. Sous son influence, non seulement les

Route de Ruoms, en allant de Vals-les-Bains au Pont-d'Arc

Extrait de la collection de *France-Album*. (*Voir l'album n° 39, spécial à Vals et à ses environs*).

produits de la digestion arrivent mieux élaborés dans le sang, mais encore la présence de la soude restituée au liquide nourricier favorise l'oxydation des déchets organiques, transforme l'acide urique libre et les urates acides en acides neutres plus solubles qui s'éliminent par les reins, dont l'activité est augmentée par le pouvoir diurétique des eaux et par la transpiration cutanée.

Le sang est ainsi purifié et rendu à son alcalescence normale ; il devient plus fluide, absorbe plus facilement l'oxygène, sa circulation est plus facile et il traverse plus régulièrement et plus vite les grands viscères, ce qui explique la résolution des engorgements dont ces organes sont le siège.

Par exemple, la congestion du foie, si fréquente chez les habitants des villes, se dissipe rapidement sous l'influence de la cure de Vals. En outre, la bile, devenue alcaline et plus fluide, cesse de déposer des calculs et désagrège même les calculs déjà formés parce que la soude qu'elle renferme dilue le mucus qui cimente les parties salines de ces calculs. Les débris des calculs sont ensuite entraînés au dehors par le flux de la bile, avec cette circonstance favorable que les canaux hépatiques n'étant plus engorgés se dilatent plus aisément et s'irritent moins de leur passage. A la vérité, les douleurs hépatiques ne sont pas supprimées entièrement, mais elles sont ainsi atténuées dans une mesure très appréciable. Ajoutons enfin que la bile, redevenue alcaline, est ainsi mieux apte à remplir son rôle dans la digestion des aliments.

Si nous nous sommes bien expliqués, les eaux de Vals agissent moins comme des médicaments que comme des reconstituants chargés de rendre à l'économie l'alcalescence nécessaire au bon fonctionnement de la vie organique ; leur action est durable parce qu'elles ne guérissent pas seulement les symptômes du mal, mais les causes, c'est-à-dire le vice de nutrition qui lui donnait naissance. Elles rétablissent le cours normal de la digestion et de la nutrition et cela explique leur succès dans des cas opposés et pour ainsi dire contradictoires. Telle source, par exemple, qui guérit l'obésité, réussit avec un égal succès à combattre l'anémie ; pour se l'expliquer, il suffit de remarquer que ces deux affections dépendent chacune d'un vice de la nutrition en sens opposé que l'eau de Vals fait également cesser en restituant à la nutrition sa marche normale.

On a adressé et on adresse encore aux eaux de Vals le reproche d'être froides, et, à cause de leur température, d'être supportées difficilement par un certain nombre de malades à estomac susceptible, tandis que des eaux chaudes n'auraient pas cet inconvénient. Evidemment, les eaux alcalines chaudes ont certains avantages spéciaux, comme aussi les eaux alcalines froides, en général très gazeuses, ont les leurs. De même ces deux sortes d'eaux minérales peuvent, en certains cas,

Nouvel Établissement thermal
L. DUPLAN et Cie

avoir des désavantages. Ainsi, il est vrai, que quelques rares malades, surtout des femmes, supportent tout d'abord difficilement les eaux froides de Vals, mais, pour un malade de cette catégorie, combien qui, non seulement préfèrent les eaux fraîches, gazeuses, si agréables à boire, mais encore délaissent les eaux alcalines chaudes, dégoûtés qu'ils sont de prendre une boisson chaude, de mauvais goût, surtout en plein été.

D'ailleurs, il y a à Vals des eaux de température plus élevée (sources Alexandre, Marquise), contenant peu de gaz acide carbonique libre, d'un goût savonneux, fortement alcalines. Ces eaux sont toujours bien supportées, même par les malades à estomac délicat.

La température froide n'est pas seule en effet à surprendre quelques malades, le gaz acide carbonique en excès, en fatigue quelques-uns. Mais le correctif est à la station même puisqu'elle possède des eaux alcalines non gazeuses et presque tièdes.

Après un stage de quelques jours à ces eaux essentiellement sédatives, on voit les malades arriver à prendre avec plaisir et profit les eaux gazeuses et froides.

Nous ne terminerons pas ce chapitre sans parler des produits aux sels naturels des eaux de Vals, qui sont un adjuvant précieux au traitement thermal. Le *Bombon digestif* de Vals, fabriqué par Casimir Croze, s'adresse à la fois aux palais délicats et aux estomacs mal disposés ; il prévient les rapports pénibles et laisse à la bouche le sentiment de fraîcheur qui doit suivre toute bonne digestion. Les *Pastilles* préparées avec les sels minéraux extraits des sources sont nécessaires aux estomacs affaiblis qui retrouvent par leur usage une grande puissance digestive.

SOURCES VIVARAISES
Nᵒˢ 1, 3, 5, 7, 9.

LE NOUVEAU CASINO

———

L'année 1898 marquera à Vals une date mémorable en même temps qu'un grand pas en avant. Il manquait jusqu'ici à la station un Casino grandiose enveloppant toutes les réjouissances et pouvant offrir aux étrangers le même régal artistique que les stations les plus en vogue. Ce riche Casino nous le possédons enfin aujourd'hui et nous n'avons, dès lors, plus rien à envier à Aix-les-Bains ou à Vichy.

Le Nouveau Casino et le Nouveau Parc

Un Casino est le foyer autour duquel les touristes et les malades d'une ville d'eaux viennent se grouper.

Le plaisir est le but de la réunion ; que ce plaisir soit celui de la littérature, du théâtre, de la musique, de la danse ou du jeu, peu importe.

C'est l'écho des grands centres, c'est la famille, la manifestation du charme, de ce qui est beau, de ce qui captive l'esprit ; c'est, en un mot, une source intellectuelle où viennent s'abreuver, pendant un mois, les veufs de la pensée et du plaisir intelligent, la source qui guérirait au besoin cette maladie que, nous autres Français nous ne voulons pas laisser s'acclimater chez nous et que nos voisins nomment le splenn.

Le nouveau Casino s'élève sur la rive droite de la Volane et forme une imposante construction du style le plus moderne, de forme rectangulaire, dont la façade s'ouvre sur un grand parc parfaitement ombragé et d'une contenance de six hectares. Une superbe terrasse, étagée au-dessus de la Volane, limite agréablement ce parc du côté de l'eau et permet d'admirer la vue générale de Vals des deux côtés de la Volane. Cette terrasse, tout à fait spacieuse, sert de toit, à sa naissance, aux Galeries Égyptiennes. La disposition de ce parc est merveilleuse et rien n'a été négligé pour rendre ce nouvel Éden digne du remarquable cadre qui l'entoure.

Le nouveau Casino comprend deux parties bien distinctes séparées par un plan central. A gauche, s'élève une magnifique salle de spectacle très bien aérée, très coquettement disposée avec un luxe et une aisance parfaite. Deux peintres de talent, Brunet et Vuagniaux ont mis là toute leur inspiration et leur art en un style mauresque très réussi. A droite, la salle de consommations avec sa terrasse extérieure, les salles de billard, de lecture et enfin les salons du Cercle, ouverts à tous les étrangers. Pour l'accès de ces salons, la présentation est nécessaire. Entre les deux parties du Casino, sous un hall du plus bel effet, les petits-chevaux viennent, toutes les minutes, se ranger sous le drapeau du starter et apporter quelque émotion à nos sveltes méridionales. A admirer, dans les salons du Casino, la belle toile de Mallet où le peintre paysagiste a fixé, avec une sûreté admirable, la vallée de la Volane et ses rives enchantées.

Un café-restaurant, savamment organisé pour les plus fins gourmets fonctionne toute la saison et répond enfin, par son agencement et son confortable, au désir depuis longtemps manifesté.

C'est à M. Valcourt, l'intelligent scenario dont tout le monde a déjà pu apprécier l'an dernier les vertus scéniques incontestables, qu'appartient la direction artistique du Casino. Homme de réelle valeur théâtrale, nul mieux que lui n'était capable d'inaugurer dignement le nouveau Casino et avec un répertoire aussi varié. Sachons lui gré de ses efforts constants, des bonnes soirées auxquelles il nous convie cette saison et souhaitons ardemment de le conserver à Vals pendant de longues années. Il s'est adjoint comme chef d'orchestre un musicien émérite, d'une solide éducation musicale, M. Tartanac.

VALS — Le confluent de la Volane et de l'Ardèche

A côté de soirées théâtrales de premier ordre, des fêtes de nuit transformeront le parc en une délicieuse féerie tandis que nos charmantes divas, toujours sur la brèche, élèveront vers les cieux leurs cantiques d'amour.

Le nouveau Casino sera désormais l'âme même de la station, le centre des réjouissances mondaines et des élégances raffinées. Dans une ville d'eaux, on ne saurait assez créer de réjouissances. C'est aussi l'époque des vacances, c'est-à-dire des jours où l'étiquette doit être moins disparate et où l'on doit donner plus grand essor à l'imagination.

Une grosse lacune existait encore l'an dernier à Vals : un Casino trop sommaire. Aujourd'hui que la difficulté est rompue, la station s'efforcera de maintenir à son véritable niveau le nouveau Casino, et nul désormais ne pourra dire que Vals est inférieure en quoi que ce soit aux stations thermales les plus en vogue.

*
* *

Nous ne saurions trop engager les étrangers, en arrivant à Vals, d'aller prendre leur abonnement au Casino, abonnement qui leur sera consenti pour un nombre de jours déterminés. Ils pourront, non seulement profiter des multiples avantages du Casino, mais encore avoir leur entrée aux concerts et à toutes les fêtes qui auront lieu durant la saison.

*
* *

L'Administration du Casino de Vals a bien voulu consentir à faire bénéficier nos lecteurs d'une réduction au Théâtre du Casino. Nous l'en remercions très sincèrement. Tout porteur de notre Guide n'aura qu'à détacher le *bon-prime* qui figure en tête du volume et le présenter au bureau de location ; il lui sera fait une réduction de moitié à toutes les places.

Les *bons-primes* sont valables pour deux personnes et non pour une seulement, c'est-à-dire que deux personnes se présentant ensemble au bureau de location recevront deux places numérotées en échange du paiement d'une seule place. Des poursuites pourront être exercées contre toute tentative de fraude.

VALS CHARMEUSE

PLAISIRS ET RÉJOUISSANCES

E soleil brûle la terre de son disque embrasé, et chacun de rechercher une ombre salutaire pour se mettre à l'abri de ses ardents rayons. Vals est comme le refuge de la fraîcheur si convoitée durant ces périodes de canicule. C'est, d'un bout à l'autre de la station,

Terminus-Hôtel

une voûte continue de vert feuillage comme fendue par le cours de la Volane, qui semble vouloir rajeunir sans cesse de son liquide nourricier cette toiture rustique. Où aller se perdre dans un parc aussi merveilleux que celui que couronne la Dominique et le massif de la Châtaigneraie.

Toutes les inclinations trouvent à Vals de quoi se satisfaire.

Pour le joueur de boules ou le crockettiste, les Quinconces n'offrent-ils pas un lieu privilégié ? Toute la journée des bandes joyeuses y font marcher la boule ou le maillet. A trois heures, c'est le Nouveau Parc qui accapare tout le monde select de la colonie étrangère empressé auprès du kiosque du Nouveau Casino. L'élément mondain de la station est là au grand complet. Ce ne sont que toilettes élégantes et froufrous joyeux. L'espiègle Arlésienne se mêle à l'intrépide Parisienne ; le Marseillais et le Lyonnais se coudoient avec bonhomie. Sous l'ombre des platanes, tandis que les riches costumes féminins jettent une note étincelante de bon goût et de grâce, le divin Phébus, toujours aux aguets, s'efforce, à travers la frondaison, de faire passer quelques jets ténus de sa lumière éclatante sur les brillants, les rubis, l'émeraude ou le saphyr de nos aimables baigneuses qui scintillent comme des étoiles. Où passer une meilleure heure que dans ce parc aux senteurs printanières, transformé en un véritable paradis terrestre.Quelques pas seulement pour descendre aux Galeries Egyptiennes, aller demander à la déesse Calypso une fraîcheur plus délicieuse encore. Aux personnes avides d'air et de liberté, la terrasse du Nouveau Parc, avec vue sur la Volane et les deux coteaux n'est-elle pas un lieu béni pour admirer la charpente de la station ? Subitement, un bruit insolite se fait entendre de l'autre côté de l'eau, des clameurs s'élèvent et soudain on aperçoit une masse d'eau qui s'élève graduellement et avec violence au-dessus du sol. C'est la source Intermittente qui vient de jaillir au milieu de son bassin rocailleux.

L'orchestre vient d'égrener son dernier rythme, et chacun d'aller faire remplir son verre par nos charmantes donneuses.

Les parcs s'animent jusqu'à l'heure du dîner : des groupes, des isolés arpentent les mille sentiers de la station. Il est impossible de rêver une ville d'eaux formant, d'un bout à l'autre, une série de promenades aussi variées et aussi ravissantes. Parcs, grottes, galeries, avenues, quinconces, forêts, autant de transitions à passer d'une minute à l'autre : il semble que dans un espace aussi restreint l'horizon n'a pas de limites tellement est grande la majesté des lieux et la conception vivante de la nature. Si Vichy s'enorgueillit de son Parc du Casino et de ses parcs qui bordent l'Allier, tout le monde s'accorde à reconnaître que le premier est une place publique, tandis que le second est une œuvre purement artificielle à laquelle la nature vivante ne saurait jamais donner son empreinte. Tous les étrangers qui visitent Vals sont agréablement surpris d'une situation aussi pittoresque et aussi champêtre, et nous sommes pleinement avec eux lorsqu'ils s'étonnent que dans un lieu aussi ravissant tous les hôtels n'aient point en plein air, sous forme de vérandah, des salles à manger spéciales, ce qui donnerait au séjour de Vals un attrait de plus.

Les Galeries Égyptiennes

Après un dîner en plein air à la fraîcheur du jour décroissant, il semble que le corps retrouve un regain d'énergie pour aller terminer au nouveau Casino ou dans son parc une excellente journée. Si l'on se reporte à quelques années seulement, à sept heures du soir Vals était lettre morte. Comme nous sommes loin de cette époque et comme le soir, après dîner, quand nous sortons, Aix, Vichy, Spa même reviennent à notre mémoire. Vals possède aujourd'hui un centre d'attractions mondaines qui peut rivaliser avec n'importe quelle ville d'eaux et la meilleure preuve que la lacune était grosse c'est que, dès cette année, les parisiens rassasiés de Vichy commencent à arriver plus nombreux à Vals et continueront ainsi lorqu'ils sauront qu'il y a à Vals de bonnes soirées à passer.

Triomphalement inauguré cette année, le nouveau Casino est chaque soir le rendez-vous de l'élégance mondaine de la station et des environs. Ses salons richement décorés s'animent d'une joie intense et nos agréables baigneuses, toutes pompeusement parées, trônent comme au milieu d'une fête. Le nouveau Casino, centre des réjouissances de la station, répondra sans cesse aux exigences des baigneurs, et ses excellents directeurs sans reculer devant aucun sacrifice se sont imposés une tâche lourde il est vrai mais dans laquelle ils peuvent être assurés du concours de tous. Ce que nous sommes heureux de constater c'est que le théâtre du Casino de Vals s'est élevé d'un seul coup au niveau artistique que l'on était en droit d'attendre depuis longtemps.

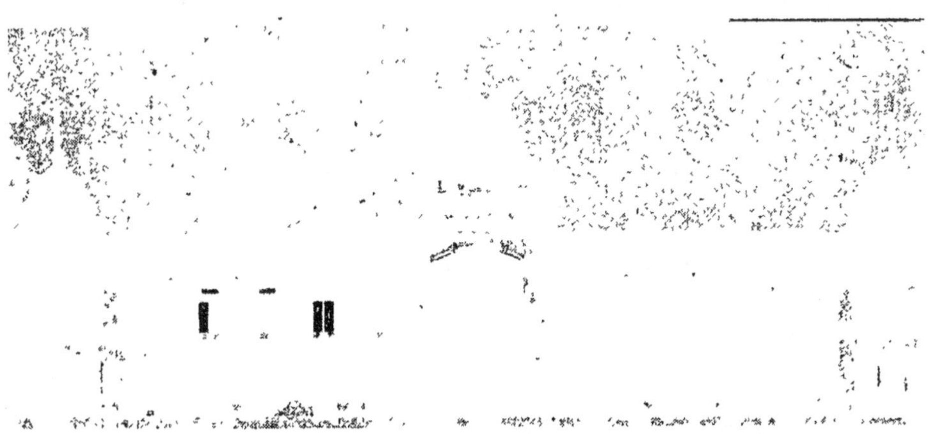

La façade principale du Nouveau Casino

SOURCE BÉATRIX

PROMENADES ET EXCURSIONS

———

UNE ville d'eaux ne présente de l'intérêt qu'autant qu'elle ajoute à des ressources thérapeutiques de premier ordre des promenades intéressantes et curieuses à plus d'un titre. Au moment des chaleurs surtout on recherche avec frénésie la montagne avec ses bois agrestes, le vallon et le doux murmure du ruisseau qui le traverse, la fraîcheur et la tranquillité. On éprouve comme le besoin de courir à travers les prairies, à travers les arbres tout enguirlandés. Le matin, dès l'aube, alors que le soleil n'a pas encore laissé entrevoir sa flèche pourprée, comme il est délicieux de se laisser entraîner dans la montagne à la recherche de l'imprévu. Malgré soi, on marche, on court toujours : il semble que l'on veuille saisir dans son ensemble le magnifique panorama qui vous barre l'horizon, car plus l'on va, plus il se découvre et plus aussi il s'agrandit.

La situation exceptionnelle de Vals, au confluent de deux rivières dont l'une, l'Ardèche « fait quelquefois des siennes », offre au touriste une série d'excursions très mouvementées. Le baigneur, obligé de suivre l'ordonnance, peut parfaitement quitter Vals à onze heures du matin et ne rentrer que vers cinq heures, puisque la table n'est servie à Vals, le soir, qu'à six heures. C'est donc six heures à disposer.

Nous allons résumer aussi brièvement que possible les diverses promenades que nous recommandons aux touristes dans les montagnes du Vivarais, qui sont parfaitement accessibles et ne présentent aucun danger, même pour les audacieux. Nous les diviserons en plusieurs itinéraires, tous à pouvoir faire dans la même journée.

I. — Aubenas

Quatre kilomètres seulement de Vals. Après avoir traversé le pont bâti sur l'Ardèche nous tournons à gauche, nous traversons le petit bourg de Labégude, la voie ferrée, le hameau de Lautaret, où nous pourrons revenir une autre après-midi visiter les grottes fameuses. Déjà le point de vue s'ouvre et une vaste plaine s'étage dans le lointain. Au-dessus de nous, sur le flanc du coteau, Aubenas avec son vieux château féodal qui semble commander à la vallée de l'Ardèche. Aubenas (8,224 habitants) est une petite cité industrielle d'un aspect plutôt original. Ses tours, ses clochers et ses coupoles rappellent quelque ville orientale et font songer à ces jours néfastes du Moyen-Age. Le château, aujourd'hui l'Hôtel de Ville, avec son donjon flanqué de tourelles et ses deux énormes tours massives encadrant sa façade principale, fut autrefois la demeure du maréchal d'Ornano, dont le mausolée en marbre noir se trouve à l'église Saint-Laurent. La salle principale renferme encore aujourd'hui d'importantes collections. La chapelle de l'Ancien Collège contient également de belles boiseries et des fresques remarquables. Aubenas est la patrie d'Auguste Desportes, l'auteur de *Molière à Chambord*, comédie en trois actes jouée avec succès à l'Odéon en 1843, et qui plaça Desportes au rang d'Emile Augier, alors à ses débuts. Par sa condition des soies et ses marchés. Aubenas est le centre commercial de la région vivaraise.

De la place de l'Airette, on découvre un panorama superbe sur toute la vallée de l'Ardèche, les montagnes du Coiron et les cimes du Tanargue.

Au-dessous du parapet qui borde la place, le sol s'enfonce à 100 mètres de profondeur, et là s'étale une vallée formée par un large bassin que traversent les contours majestueux de l'Ardèche. Les prairies, les quinconces de mûriers, les platanes, les aulnes, les peupliers, les jardins, les villas qui y fourmillent la font ressembler à un immense parc anglais où la nature et l'art ont accumulé leurs merveilles. Une ville, le Pont-d'Aubenas, occupe les deux rives de la rivière reliées par un pont en pierre. Des papeteries, des moulinages et des filatures, voilà l'industrie du pays.

Pour varier la promenade, nous descendrons jusqu'au Pont-d'Aubenas et nous rentrerons à Vals par la rive gauche de l'Ardèche, après avoir poussé une pointe jusqu'à Ucel.

II. — Le Pont d'Arc

Le pont d'Arc est assurément l'une des plus ravissantes promenades du Vivarais ; il n'est point permis de venir à Vals sans aller rendre visite à cette particularité de la nature. On peut aller en chemin de fer de Vals à Ruoms, distant du pont d'Arc de 14 kilomètres, ou bien encore, ce qui serait peut-être préférable, aller directement de Vals au pont d'Arc en voiture. De Ruoms au pont d'Arc, la route est superbement accidentée. On traverse la riante commune de Vallon, d'où l'on découvre, à quelques kilomètres, le pont d'Arc. Qu'on se figure le plus énorme des rochers jeté en travers de l'Ardèche, corrodé en sa partie inférieure et médiane par l'action des eaux qui s'y sont ouvert un passage, formant ainsi un pont naturel, et l'on aura une idée de ce gigantesque rocher traversé de part en part de profondes cavités. L'Ardèche passe sous cette arche naturelle, qui atteint environ 60 mètres de hauteur et autant d'écartement, L'épaisseur du pont est de 15 mètres.

Des chèvres paissent et broutent sur cette croupe rocheuse, des arbres sauvages y poussent tandis que les bergers sifflent dans leur chalumeau. Ce pont est une des merveilles de la France pittoresque. Elisée Reclus en a donné un fort beau dessin dans sa *Géographie universelle*.

Le site est vraiment grandiose. On peut s'aventurer en nacelle sur l'Ardèche, assez profonde à cet endroit.

Si l'on veut continuer de descendre l'Ardèche, on peut aller jusqu'à son confluent avec le Rhône en chaloupe légère. On traverse successivement Saint-Martin-d'Ardèche, où l'on pourra admirer une collection d'avens (grottes et galeries souterraines) et qui rappellent ceux des gorges du Tarn, puis Saint-Marcel-d'Ardèche, célèbre par ses grottes naturelles, et

Le Pont d'Arc

Extrait de la collection de *France-Album*.

(*Voir l'album n° 39, spécial à Vals et à ses environs*).

enfin Bourg-Saint-Andéol, fameux par ses vestiges féodaux. Très remarquée la fontaine de Tourne et un bas relief mythologique, le dieu Mithra.

Mentionnons, en terminant, le projet fort recommandable de M. Deloly fils, membre du T. C. C., consistant à dériver un canal de l'Ardèche à Saint-Martin aboutissant à Saint-Just et au Rhône. Un barrage de 35 mètres de hauteur établi en amont de Saint-Martin, en face la grotte du Figuier, alimenterait ce canal, ainsi qu'un deuxième qui suivrait la direction de Nîmes. On pourrait, suivant les auteurs de ce projet, relier Vals à Saint-Just et à Saint-Martin. Tout en le souhaitant vivement, nous ne pouvons nous empêcher d'être sceptiques.

III. — Vieux-Ucel — Saint-Michel-de-Boulogne — Le Col de l'Escrinet

Suivons maintenant dans toute sa longueur l'avenue Farincourt et descendons la rive gauche de l'Ardèche en passant sous les ruines du vieux *Ucel*. Nous arrivons bientôt au *Pont-d'Aubenas* d'où nous quittons l'Ardèche pour suivre la route de Privas. Nous touchons aux montagnes du Coiron, ramifications des Cévennes. A quelques mètres avant d'arriver à l'*Auberge du Moulin* (relai entre Privas et Aubenas), une route nous conduit au *Château de Boulogne*. Le paysage est gai et les lignes sombres du vieux manoir des Montlaur, seigneurs de Boulogne, ressortent admirablement parmi les milliers de pins qui l'entourent. Le château, qui date du xvᵉ siècle et est aujourd'hui en ruines, est élevé au-dessus d'un terrassement. Le portail monumental, à demi-barré par un mur de pierres, supporte un porche orné de bas-reliefs soutenu de chaque côté par quatre superbes colonnades avec, au milieu, sur le fronton, l'écusson aux armes des Montlaur.

Nous quittons le *Château* pour gravir le *col de l'Escrinet*. Un paysage vraiment curieux se déploie autour de nous ; d'un côté, la silhouette d'Aubenas apparaît indécise ; de l'autre, l'immense plaine du lac s'étend à perte de vue. Deux heures

SAINT-MICHEL-DE-BOULOGNE — **Vue générale du Château, prise du côté ouest**

Extrait de la collection de *France-Album*.   (*Voir l'album n° 39, spécial à Vals et à ses environs*).

suffisent de cet endroit pour gagner Privas, le chef-lieu du département. L'excursion comprend 17 kilomètres environ ; si l'on veut retourner à Vals à pied, revenir par la jolie vallée *du Luol, Saint-Julien-du-Cers*, ancienne bourgade gallo-romaine et *Ucel*.

IV. — Antraigues

Une des promenades journalières favorites, une heure seulement de Vals. Après avoir traversé Vals et franchi son vieux pont sur la Volane, nous suivons, sur une route pittoresque entre toutes et taillée dans le granit, suspendue sur tout le parcours au-dessus de la Volane qui roule rapide une eau couleur d'azur. A visiter, la *Grotte de l'Epissart* et la *Chaise du Diable*, dont nous donnons ci-après la reproduction.

Il est difficile de rencontrer une nature plus tourmentée et un sol plus déchiré que celui de la vallée d'Antraigues. La Volane s'y est tracé un passage difficile à travers des monceaux de basaltes et de scories dans les entrailles des granits et des porphyres les plus durs. A chaque pas, nous découvrons un phénomène nouveau : ici, une falaise d'où s'élance dans la rivière un ruisseau tout entier ; là, des colonnades cristallisées étonnent par la régularité de leurs prismes ; plus loin, une montagne de scories, entraînée par des pluies diluviennes, s'est écroulée dans le torrent et montre à nu son flanc déchiré. La route s'enfonce toujours dans la profondeur de la gorge et rétrécit le lit même de la rivière.

Touristes, amis du beau, des sites pittoresques et des merveilles de la végétation dans les terrains volcaniques, ne manquez point cette promenade.

Avant d'arriver à Antraigues, arrêtez-vous à la Reine du Fer et demandez à la visiter à M. Comte, le gérant de la Société française, qui sera heureux de vous faire les honneurs de son hermitage. Un bruit insolite frappera tout de suite vos oreilles : c'est celui de la cascade de la Reine du Fer, nappe d'eau considérable descendant de la montagne avec fracas et heurtant contre les rochers noircis ses flots d'écume blanche. Rien de plus intéressant à voir que ces arbustes aux tiges frémissantes couronnés de goutelettes sur lesquelles viennent se jouer les rayons du soleil. Au fond et derrière cette cascade, dans une grotte que la main de l'homme a dû agrandir pour arracher à la nature le trésor qu'elle y cachait soigneusement, vous verrez sourdre des flancs du rocher la source admirable de la Reine du Fer.

La Cascade de la Reine du Fer

Antraigues (1.441 m.), nid d'aigle sur une presqu'île rocheuse et sauvage parmi le vert des châtaigniers, le noir des

basaltes et le rouge des cendres volcaniques ; repaire de féodaux détrousseurs de grands chemins et dont quelques-uns furent décapités à Toulouse. On prétend qu'Honoré d'Urfé, l'auteur célèbre en son temps de l'*Astrée*, écrivit plusieurs chapitres de son roman dans le château d'Antraigues. Cette bourgade vit naître Delaunay, comte d'Antraigues, l'aventurier peint par Jules Claretie dans ses *Muscadins* ; Claude Gleizal et Joseph Gamon, conventionnels.

Sur tout le parcours de Vals à Antraigues, le touriste est sans cesse mis en éveil par les tableaux successifs qui se pressent sur son passage au milieu de ce grand tableau qui a pour sommet le ciel et pour fond les deux chaînes de montagnes toujours disposées à se rejoindre mais tenues en respect par le torrent de la Volane.

V. — Neyrac-les-Bains

Neyrac-les-Bains est une sœur cadette de Vals, délicieusement assise à 14 kilomètres seulement sur des laves solidifiées au milieu de châtaigniers légendaires. Un établissement thermal, un excellent hôtel, quelques maisons meublées et c'est tout. Le site est incomparable. Pour aller visiter Neyrac nous engagerons les baigneurs à suivre à l'aller la route directe de Vals à Neyrac en passant par la gare de Nieigles-Prades et le Pont-de-Labeaume et au retour à prendre avant d'arriver au Pont-de-Labeaume la route de Jaujac et revenir par Jaujac et Prades.

A l'aller la route suit sur toute son étendue la rivière de l'Ardèche : après avoir traversé le pont en pierre sur l'Ardèche, nous tournons à droite et nous suivons la voie ferrée et l'Ardèche jusqu'à la gare de Nieigles-Prades après avoir traversé les papeteries de Malpas. La gare de Nieigles-Prades est le point terminus de la voie ferrée. On aperçoit à quelques mètres les mines de la *Chastagnère*, exploitées par une Compagnie Houillère. Avant d'arriver au Pont-de-Labeaume, la route s'engage en un étroit défilé : d'un côté l'Ardèche, de l'autre des colonnes bazaltiques.

Le rocher, taillé en droite ligne en cet endroit, présente des assises parfaitement rectangulaires et superposées en couches parallèles. On dirait que la main de l'ouvrier a passé par là tant les dispositions des roches sont régulières et présentent, ainsi concentréés, un merveilleux coup d'œil. Nous retrouverons le même phénomène au-dessus du Pont-de-Labeaume, petit village disposé le long de l'Ardèche avant d'arriver au fameux pont de Rolandy qui fait chaque année l'admiration des baigneurs. Bâti au milieu d'un site presque sauvage, au pied même du château de Ventadour, dont on pourra aller visiter les ruines, il s'ouvre sur deux routes opposées l'une se dirigeant vers Neyrac, Thueyts, Mayres et le Puy, et l'autre allant sur Montpezat et Burzet. A quelques mètres après avoir dépassé le pont, nous apercevons très bien les pierres blanches de Neyrac. La pente est raide jusqu'à un petit pont en pierre très vieux qui nous indique la voie qui accède à Neyrac. Neyrac est bâtie dans une sorte de cavité limitée par les laves du *Soulhol*, volcan éteint seulement depuis quelques années. Ce volcan a donné naissance aux thermes de Neyrac. Les eaux de Neyrac sont acidulées, alcalines, terreuses ; leur température est de 27°. Nous signalerons tout particulièrement la très remarquable piscine galloromaine (source des Lépreux, légende), aux eaux froides et sulfureuses et ses mofettes (grotte de chien) dans lesquelles l'acide carbonique atteint un maximum de densité. Ne pas manquer l'excursion au cratère de Soulhol. Il existe à Neyrac un excellent hôtel avec tout le confortable moderne. La promenade des Châtaigniers est splendide et domine le cours tortueux de l'Ardèche. Au retour, on suivra jusqu'à Jaujac et on reviendra par Prades. Après avoir laissé à sa droite les sources du Vernet et le Calvaire de Prades. On rejoindra la grande route à sa jonction avec la voie ferrée et l'on rentrera à Vals après avoir parcouru un des sites les plus curieux du Vivarais, d'un pittoresque sauvage et saisissant.

SOURCE FRANCO-RUSSE D'UCEL

VI. — Thueyts

La Gueule d'Enfer — L'Echelle du Roi

De Vals à Thueyts 15 kilom. seulement. Deux points intéressants à visiter autour de Thueyts : *la Gueule d'Enfer* et *l'Echelle du Roi*. Thueyts se trouvant comme sur le prolongement de Neyrac on peut visiter ces deux merveilles également de Neyrac. *La Gueule d'Enfer*, ainsi dénommée, est une sorte de ruisseau qui, après s'être élancé d'une ouverture béante creusée dans la corniche, à une hauteur de 500 pieds, tombe tout entier dans le vide, se brise, rebondit sur les blocs de granit, replonge encore et s'engloutit dans l'abîme.

L'Echelle du Roi forme comme une entaille dans une masse basaltique. C'est bien, en effet, une échelle royale cet immense escalier creusé, comme les temples indous, dans une roche plus dure que le plus dur porphyre. Ses 192 marches s'élèvent hautes et étroites dans l'encaissement de la masse qui sert de parapet. Il n'y a aucun danger à la monter, mais les personnes qui craignent le vertige ou qui n'ont pas les pieds solides s'abstiendront de la descendre.

Arrivé sur le plateau, le touriste domine toutes ces horreurs naturelles qui l'écrasaient tout à l'heure. Le bourg de Thueyts est à quelques pas, appuyé sur le volcan de la Gravenne, dont nous apercevons au nord le pic élevé, crevassé et rougeâtre. C'est ce cratère qui a rempli la vallée des beaux cristaux que nous venons d'admirer et de la masse de scories et de pouzzolanes qui en couvre le sol. De l'autre côté de la montagne s'étend la vallée de la Fontaulière avec le bourg de Montpezat. Nous y parviendrons de Thueyts en une heure à pied en franchissant le cône volcanique.

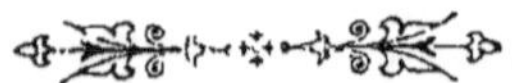

VII. — Montpezat – Burzet

Deux vallées aboutissent au Pont-de-Labeaume. Après avoir franchi l'espace de Vals au pont de Rolandy, soit 8 kilomètres, à la sortie du pont nous prenons à droite la route départementale qui remonte la rive droite de la rivière la Fontaulière, affluent de l'Ardèche, et contourne les ruines du château de Ventadour, dont les débris s'étendent le long de la vallée sur une longueur de plus de 500 mètres. Nous traversons le hameau du Pradel (eaux ferrugineuses), en laissant à droite, sur la hauteur, le village de Chirols et nous gravissons une côte au milieu de laquelle se détache le chemin de Burzet, village curieux par la situation pittoresque de ses montagnes granitiques, les ruines du château des comtes de Peyre et son église gothique qui remonte à 1400. En remontant la route départementale nous gagnons vite Champagne. Des hauteurs de Champagne se déroulent les contours importants du cirque qui environne le territoire de Montpezat et les grandes lignes des hauteurs du Pal et de Bauzon (1.450 m. d'altitude). A visiter, à deux heures de Burzet, la jolie cascade du Ray-Pic. La route descend dans la vallée de Fontaulière, franchit le torrent sur un pont hardi en fil de fer, de 70 mètres de portée et de 50 mètres de haut, puis s'élève sur la rive gauche jusqu'au bourg de Montpezat (18 kilom. de Vals), bâti dans un triangle formé par la Fontaulière et la Pourzeille, qui se précipite des hauteurs de l'ancien volcan du Pal, dont le cratère était autrefois transformé en lac, comme son voisin devenu le lac Ferrand.

****

Nous avons relaté dans ce qui précède les excursions les plus intéressantes et les plus pittoresques à faire en une promenade. Nous les avons classées en sept catégories

Antraigues — Grotte de l'Espissart

Extrait de la collection de *France-Album*.

Vallée de la Volane — La Chaise du Diable

(*Voir l'album n· 39, spécial à Vals et à ses environs*).

distinctes, c'est-à-dire en un ensemble parfait pouvant donner une notion exacte de la contrée la plus pittoresque qui soit au monde. Si détaillée et diverse que soit la Suisse, la région du Vivarais qui s'étend autour de Vals présente également une suite ininterrompue de merveilles accumulées par la nature, dont le tort est de n'être point assez connues. Attachons-nous donc à développer fortement à Vals l'alpenstock et à faire rayonner dans nos si caressantes montagnes ces cars alpins qui facilitent la connaissance de la montagne.

Petites promenades à pied autour de Vals

1° *Ucel* (1/2 heure). Cotoyer l'Ardèche, rive gauche, sur une route qui grimpe sur les assises superposées des grès triasiques. Retour par la cime du côteau qui domine la vallée de la Volane et d'où se déroule un très impressionnant tableau.

2° *Arlix* (1/2 heure). Remonter l'Ardèche, rive gauche, jusqu'à son premier coude c'est-à-dire jusqu'au viaduc du chemin de fer.

3° *Oubreyt* (1 heure 1/4). Petit village situé au-dessus de Vals et sur le plateau. D'Oubreyt il sera facile de faire l'ascension de la montagne de Sainte-Marguerite (990 mètres) dont la proéminence se dessine de très loin.

4° *Prades* (1 heure). Le village est bâti sur la hauteur. A visiter : le Calvaire, les mines et, à vingt minutes environ, l'agréable site du *Vernet* (eaux minérales). Au retour, visiter les mines de la *Chastagnère* derrière la gare de Niegles-Prades.

5° *Les Grottes de Lauraret*, à trente minutes à pied de Vals, sur la commune de la Bégude et sur la route d'Aubenas. Les personnes désireuses de se rendre compte des effets des révolutions géologiques du globe sur le territoire de notre département voudront visiter ces magnifiques grottes situées à dix minutes environ de la gare de Vals-les-Bains. Tout en jouissant d'un merveilleux coup d'œil elles pourront admirer dans les galeries de 500 mètres de profondeur de curieux phénomènes naturels, une myriade de stalactites et de stalagmites, pyramides, colonnades, cristaux, etc.

6° *Promenade du Château*. Curieuse au point de vue historique et que nous recommandons principalement le matin de bonne heure ou le soir après 5 heures.

7° *Promenade à l'usine Casimir Croze*, où l'on pourra assister à la fabrication des véritables produits aux sels de Vals. Pour le plus court chemin, prendre l'escalier situé en face le pont de la Saint-Jean, rive gauche.

*
* *

Aux touristes rompus à la montagne, nous indiquerons brièvement une série d'excursions très attrayantes mais exigeant une journée bien remplie sinon deux journées :

1° *Saint-Andéol de Boulenc, Genestelle, Château Cros* (3 heures 1/2 environ). Suivre la route d'Antraigues.

2° En suivant la même route, la jolie vallée de la *Bezorgues*, charmante par la variété de ses paysages, les eaux courantes des béalières qui glissent sur ses versants à tous les niveaux de la montagne et par les touffes d'ombrages qui y entretiennent une délicieuse fraîcheur. A visiter le fameux *volcan d'Ayzac*. Retour à Vals par Labastide.

3° *La Souche*, par Jaujac et Prades, retour par Jaujac et le Pont-de-Labeaume (4 h. 1/2 environ).

4° *Largentière* (3.200 habitants), petite sous-préfecture enfoncée dans une gorge étroite et profonde, dont les flancs sont recouverts par des terrasses destinées à soutenir les terres végétales. Oliviers et mûriers recouvrent tous ces murs de soutènement. Au-dessus de cette gorge se dressent les tours du château de Montreal, et au loin on aperçoit la silhouette de la tour de Brizon (785 m.). La ville est bâtie en amphithéâtre sur les bords de la Ligne. Rues étroites et tortueuses. A signaler, le Palais de Justice avec son double perron de 126 marches, et en face, de l'autre côté de la vallée, l'église avec sa flèche flamboyante, ses piliers romans et ses voûtes ogivales et le château des anciens barons de Largentière. Cette excursion se fait en chemin de fer par le trajet Vals-St-Germain, bifurcation pour Largentière, récemment inaugurée.

5° *Vogué, Balazuc, Ruoms* et les *Gorges de l'Ardèche.*

6° *Villeneuve de Berg, Bois de Berg* et *Vallée de l'Ilie.*

7° *La plaine de Jalès, les Vans* et le *Bois de Païolivie.*

8° *Saint-Marcel* et *Bourg-Saint-Andéol.*

Un jour pour chacune des quatre excursions.

* * *

Excursion sur les hauts plateaux de l'Ardèche

Nécessite trois ou quatre jours au minimum — une partie en voiture, une partie à pied. Nous la commencerons par *Antraigues.* A 14 kilom. de Vals, *Laviolle,* et à 22 kilom. *Mezilhac,* village situé à 1.150 m. d'altitude, au point où un des bras du Tanargue est coupé par la chaîne des volcans qui ont jeté leurs matières cendreuses sur les versants opposés de l'Eyrieux et de l'Ardèche. Des monnaies romaines indiquent la position d'un camp romain, établi sur ces hauteurs pour veiller à la sûreté de l'Helvie. A gauche, un chemin de grande communication conduit directement à *Lachamp-Raphaël* (28 kilom.) 1.330 m. d'altitude, au pied du Suc de Montivernoux, dont le sommet, couronné de bois, atteint 1.440 m. De là on va à pied visiter la cascade du *Ray-Pic* (voir la gravure). Rien n'est plus beau et plus sensationnel que le cadre sombre et verdoyant, noir et lumineux, aride et frais qui entoure cette cascade et ce cratère du *Ray-Pic,* dont les coulées cristallisées forment le pavé des rivières de Burzet et de Fontaulière. Plus loin, *Sainte-Eulalie* (37 kilom.), sur les bords de la Loire, au centre d'une grande plaine parsemée de fermes aux larges toitures de chaumes ou de lauzes et tapissée d'immenses pâturages. Au nord se dressent les pics sévères du Mézenc et du Gerbier. Séjour ravissant pendant l'été et plein de vie. Nous traversons la Loire à 2 kilom. de

La Cascade du Ray-Pic (Burzet)

sa source, puis nous passons au pied du pic de Legonnet (1.540 m.) et du Suc de Montfol (1.600 m.). *Le Béage* (46 kilom.), à 1.250 m. d'altitude, le véritable centre de la montagne.

Foires très renommées. George Sand a très bien décrit, en quelques pages humouristiques, les mœurs de cette contrée.

« Je trouve ici, dit-il, une race très caractérisée qui est en harmonie physique avec le sol qui la porte, maigre, sombre, rude et comme anguleuse dans ses formes et dans ses instincts. Au cabaret, chacun apporte son couteau dans sa gaîne et le pique par la pointe dans le dessous de la table, entre ses jambes, après quoi on cause, on boit, on se contredit, on s'exalte et on s'égorge. Les maisons sont d'une malpropreté inouïe. Le plafond, recouvert d'un treillis de lattes, sert de réceptacle à tous les aliments en même temps qu'à toutes les guenilles de la maison... A côté des vices, je pressens et je vois de grandes qualités. Ils sont probes et fiers. Rien de servile dans leur accueil et un grand air de franchise dans leur hospitalité. Ils ont certes dans l'âme les beautés et les âpretés de leur ciel et de leur terre. Les femmes ont toutes l'air hardi et cordial : je les crois bonnes et violentes ; elles ne manquent pas tant de beautés que de charmes ; leurs têtes, coiffées d'un petit chapeau de feutre noir orné de jais et de plumes, ont dans la jeunesse un certain éclat et dans la vieillesse une austérité assez digne. Mais tout cela est trop mâle..., et le manque absolu de propreté rend leur toilette désagréable à regarder. C'est une exhibition de guenilles incolores sur de longues jambes nues et fangeuses, sans préjudice des bijoux d'or et même de diamants au cou et aux oreilles, contraste de luxe et de misère. »

Ce portrait est peint d'après nature par le grand écrivain qui, voulant placer dans ce pays le théâtre et le dénouement d'un de ses plus beaux romans, est venu s'inspirer sur les lieux-mêmes.

On part du Béage pour faire les ascensions du *Gerbier-des-Joncs* et du *Mézenc*, ces deux géants cévenols. Le Gerbier s'élève à 1.554 mètres d'altitudes, au milieu d'une plaine, comme un pain de sucre sur une table. Son accès n'est possible que d'un seul côté : le sommet est une plate-forme de 8 à 10 mètres de diamètre dont la vue s'étend jusqu'aux Alpes. Ses flancs sont arides, rocheux, dépouillés de toute végétation. A ses pieds des pâturages, des fermes et le joli vallon de Sainte-Eulalie. La Loire prend sa source à 122 mètres au-dessous du sommet du Gerbier. Sur le côté ouest on ne manquera pas d'aller visiter les ruines de la *Chartreuse de Bonnefoy*, construite en 1156 par les disciples de saint Bruno.

Plus loin, l'ascension du *Mézenc*. Du haut du Mézenc la vue se perd dans les lointains horizons. A l'est, ce sont les lignes blanches des monts alpestres, coupant le disque rouge de l'astre qui monte puis bientôt noyées dans ses flots. Au sud, les flots bleus de la Méditerranée ; vers le couchant, dans l'Auvergne et le Cantal, d'autres pics volcaniques, embrasés de nouveau, mais sous les rayons du soleil levant. Avec une bonne lunette on distinguera aisément le Puy et sa Vierge colossale, autour de laquelle le soleil trace un limbe lumineux.

Revenons du Mézenc au *Béage* (2 h.). En 45 minutes nous arrivons au lac d'*Issarlès*, formé par le cratère d'un ancien volcan et situé à 997 m. d'alt. Sa superficie est de 72 hectares et son diamètre moyen de 1.150 m. On ignore la profondeur. Le flanc méridional du cratère descend en pente douce jusqu'à la Loire, qu'on traverse après quelques centaines de pas. On laisse à droite Issarlès, la Chapelle-Graillouze et Coucouron. Au-delà, des landes immenses où paissent les troupeaux. Plus loin, après avoir laissé à gauche le pic de Bozon (1.474 m.), on arrive à la superbe forêt de *Mazan*. Les ruines de l'abbaye de ce nom sont encore importantes. Une église de construction primitive, style roman et gothique, laisse encore entrevoir des débris sculptés, des tombeaux en pierre, des ogives brisées. La traversée de la forêt aux arbres séculaires est une promenade délicieuse en été sous les ombrages des grands sapins et des hêtres touffus, au milieu des framboisiers, des violettes et des airelles myrtilles.

Dirigeons-nous maintenant vers le col de *la Chavade* (une heure de marche) 1.271 m. d'alt. C'est le point de séparation des deux bassins, de la Loire et du Rhône. Auberge confortable. On peut rentrer à Vals de la Chavade en trois heures environ par le courrier de Langogne, en passant par Mayres, gros bourg à cheval sur l'Ardèche, qui coule encaissée dans un profond ravin de granit, surmonté des *Rochers d'Abraham* et coupé par des filons de galène argentifère.

De la Chavade remontons la route vers Lanarce, situé à 6 kilom. et à 40 de Vals. Nous trouvons un peu plus loin *l'auberge de Peyrabelle*, de sinistre mémoire, dans laquelle, pendant vingt-cinq ans, les époux Martin, dit Blanc, égorgèrent et dépouillèrent les voyageurs. On voit encore dans la cuisine le four à cuire le pain qui servait à incinérer les corps des victimes, et, à l'extérieur, la place de l'échafaud où justice fut rendue. On continue à monter, jusqu'à 1.300 m. d'alt., dans des parages que les amas de neige rendent dangereux en hiver. Des piquets indiquent la trace de la route lorsque la neige la recouvre. Nous gagnons de Peyrabelle St-Etienne-de-Lugdarès, commune perdue dans la montagne, au milieu d'une vallée descendant des plateaux de Masmejean (1.500 m.), complètement inhabitable en hiver. Après deux heures de marche dans les montagnes, nous arrivons à la forêt *des Chambons,* aux verts sapins, puis dans la vieille auberge *du Bès,* connue de tous les touristes par son succulent pain de seigle. Notre carte d'état-major à la main, empruntons la vallée de *la Borne* et descendons jusqu'à *l'Abbaye des Chambons,* un des plus beaux monastères du Vivarais. En deux heures nous atteignons *Saint-Laurent-les-Bains* (882 m. d'alt.), village situé dans une profonde gorge granitique. Saint-Laurent-les-Bains est aujourd'hui une petite station thermale fréquentée par douze cents malades environ et desservie par la gare de la Bastide (9 kilom.). Les eaux chaudes y sont très actives et connues depuis des siècles. Le village est suspendu sur le flanc et au milieu d'un massif granitique de 800 mètres de hauteur. A quelques kilomètres, et abrité dans un pli de terrain, s'élève un monastère moderne, *Notre-Dame-des-Neiges,* où le touriste rencontrera le meilleur accueil.

Pour rentrer à Vals il serait facile de gagner Ruoms et prendre la voie ferrée. Le vrai touriste grimpera sur les flancs du *Grand Tanargue,* le géant de ces régions. Nous empruntons à M. A. Mazon, qui fit, en 1876, l'ascension du Tanargue et y arriva à 5 heures du matin pour jouir du spectacle splendide d'un lever de soleil, la relation suivante : « Le soleil, dit-il, émerge peu à peu derrière cet énorme rocher dentelé qui domine Mayres et la Souche et qu'on appelle le rocher d'Abraham. On dirait un gigantesque feu d'artifice lançant des millions de fusées et de chandelles romaines. Les arêtes du rocher d'Abraham, que le globe lumineux fait ressortir, figurent un instant les ruines colossales d'un château incendié. Puis elles disparaissent elles-mêmes dans le rouge foyer jusqu'à ce que le soleil, se dégageant de la montagne, prenne son aspect calme et sa lumière vraie. » Des différents points de cet immense belvédère on voit s'étaler les longues déchirures, les anfractuosités profondes dans lesquelles se cachent et vivent, au milieu de la verdure et à l'abri des frimas dont les protège la nature, ces charmantes vallées qui environnent Valgorge. Dans la direc-

ANTRAIGUES — Vue générale

La Volane — Vue prise du pont du Bridou

Extrait de la collection de *France-Album*.   (*Voir l'album n° 39, spécial à Vals et à ses environs*)

tion opposée s'allonge la profonde vallée de la Souche,
cotoyée par les deux bras du géant montagneux.

Nous déjeunerons à la ferme *du Tanargue* (1.400 m. d'alt.)
et nous descendrons le versant oriental du plateau à travers
les arbustes et les framboisiers. Nous arriverons, à 500 mètres
plus bas, à *la grange Bardine*, où finit le pittoresque de
l'excursion. De là on gagne Vals en trois heures, en voiture,
en passant par la Souche, Jaujac, Prades et la vallée de
Salyndre, qui aboutit sur la route nationale 102, à trente
minutes de Vals.

**

Nous ne saurions trop recommander aux cyclistes qui
voudront visiter les régions que nous venons de décrire de se
munir du petit guide édité par P. Audigier, vice-consul de
l'U. V. F., à Vals, et intitulé *Vals-Vélo*. C'est un petit
manuel très complet avec une carte très nette des divers
itinéraires. Son prix est de 0 fr. 25 seulement.

Nous les engageons également à se munir d'un petit flacon
d'*Elixir de Vals*, qu'ils trouveront à la confiserie des Bains,
ainsi qu'un assortiment complet de produits aux sels de Vals,
dont ils useront avec profit pendant la route.

En cas d'accident, des postes de secours, installés à des
intervalles assez rapprochés, leur prodigueront tous les soins
désirables.

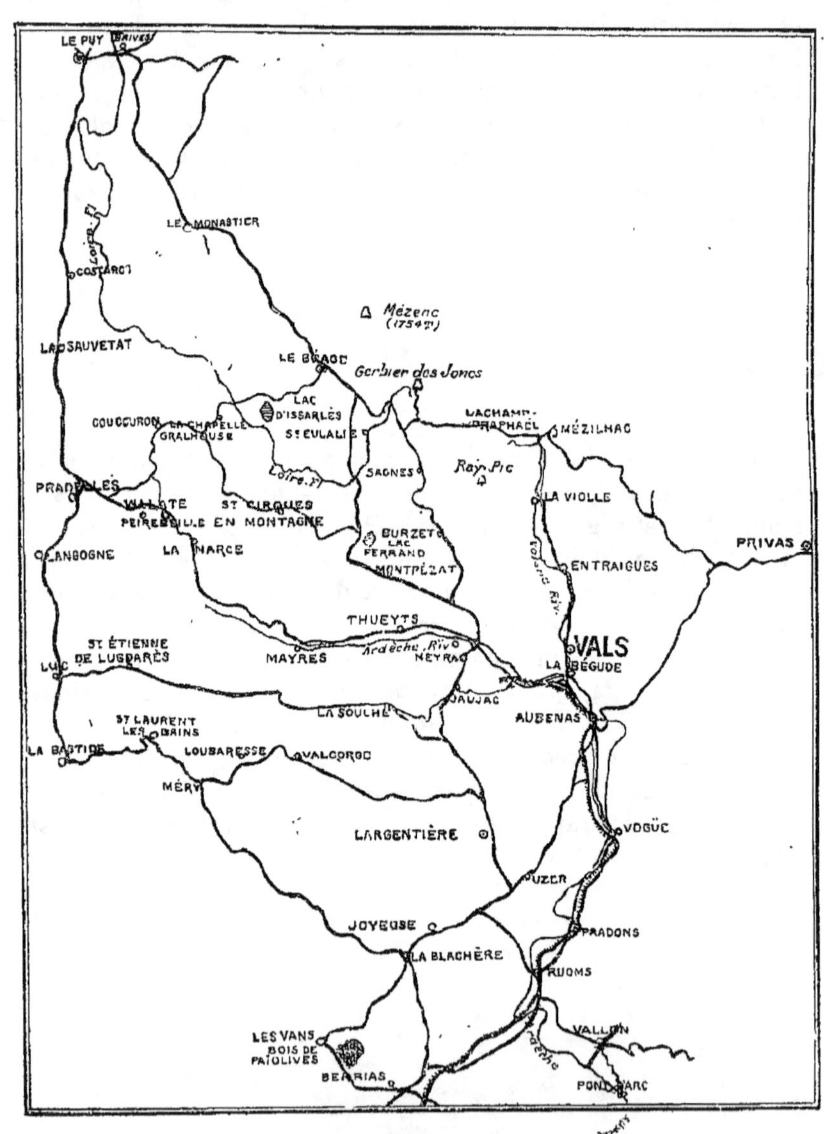

Carte vélocipédique des environs de Vals

Extraite de *Vals-Vélo*

Par P. AUDIGIER, *Vice-Consul de l'U. V. F.*

VALS ET VICHY

Nous ne contesterons nullement que Vichy est la reine des stations thermales, la ville d'eaux préférée des parisiens, la villégiature à la mode. Ce que nous n'accepterons point de reconnaitre, c'est la supériorité des eaux de Vichy sur les eaux de Vals, supériorité discutable si l'on examine au fond les unes et les autres.

Au point de vue de la composition chimique, nous diviserons en quatre séries successives les eaux de Vals que nous ferons rentrer en deux groupes distincts :

1° *Eaux bicarbonatées sodiques*

{ 1° légères.
2° moyennes.
3° fortes.

2° *Eaux arsenicales ferrugineuses.*

Toutes les eaux de Vals se rattachant à ces quatre séries, nous réunirons en une sorte de schéma, l'analyse de chaque série dans le tableau ci-après :

I. — Eaux bicarbonatées sodiques

ANALYSE	LÉGÈRE	MOYENNE	FORTE
Bicarbonate de soude	0.835	3.1735	7.2237
— de potasse..	ensemble	0.0140	0.2100
— de chaux...	0.069	0.1580	0.2915
— de magnésie	0.029	0.1286	0.2584
— de lithine...	(3)	0.0200	0.0190
— de fer et manganèse	0.006	0.0048	0.0220
Sulfate de soude......	0.067	0.0177	0.0314
— de potasse......	ensemble	0.0210	0.0422
Arséniate de soude ...	noté	noté	noté
Chlorure de sodium...	0.286	0.1100	0.0916
— de potassium...	0.(32	0.1400	0.1156
Silice...............	0.016	0.0700	0.1022
Iodure alcalin........	noté	noté	noté
Acide carbonique libre .	1.860	1.6011	1.4343

II. — Eaux arsenicales ferrugineuses

TYPE : *La Dominique*

Silicate de protoxyde de fer	0.00629	Ensemble silicate-alcalino-terreux	
— d'alumine.........	0.01466		
— de chaux,.........	0.00570		
— de magnésie	0.00513		0.03773
— de soude..........	0.00595		
Sulfate de protoxyde de fer	0.12470		0.12470
Chlorure d'aluminium.. ..	0.01970		0.01970
Arsenites de soude........	0.00350		0.00350
Bicarbonate de chaux	0.13500	bicarbonate terreux	0.14560
— de magnésie.	0.01060		
— de soude....	0.18200	bicarbonate alcalin	0.21690
— de potasse........	0.03490		
Phosphates alcalins........	indiqués		
Iodures...................	id.		
Acides sulfureux..........	traces.		
Matières organiques.......	id.		
Acide carbonique libre	id.		
Acide sulfurique libre.....	constaté		
Total sur un litre	0.54813		0.54813

Il importe d'apprécier comme il convient cette gamme de minéralisation, s'élevant par des degrés insensibles et permettant au malade de varier son traitement pour ainsi dire sans secousse.

Vals est seul à posséder pour caractéristique la gamme des sources bicarbonatées sodiques les plus légères jusqu'aux plus fortes en passant par les minéralisations moyennes.

Vals est encore seul à pouvoir combiner avec le traitement alcalin minutieusement gradué le traitement arsenical par la Dominique, source unique de composition arsenicale.

Aussi pouvons-nous dire avec raison que Vals n'a pas d'égal.

Vichy par exemple, malgré la réputation inconstestable de ses eaux, ne présente point semblable variété.

Le seul reproche adressé à Vals par Vichy est la température de ses eaux. Les eaux de Vals en effet sont d'une température variant de 12 à 17 degrés centigrades suivant les sources. Cette température est constante. Grâce à la quantité d'acide carbonique qu'elles renferment elles peuvent supporter sans altération possible les plus lointains transports.

Peut-on véritablement faire un reproche aux eaux de Vals d'être froides ? Evidemment non. D'abord parce que les eaux froides sont en général absorbées plus facilement par ls malades, ensuite parce que Vals possède des sources tièdes

Grand hôtel des Délicieuses

permettant aux malades de passer sans une trop brusque transition des eaux tièdes aux eaux froides. Au point de vue du goût surtout combien les malades préfèrent la fraîcheur et ce goût piquant acidulé des eaux froides alcalines à cette odeur de savon que leur communiquent les eaux tièdes. Les maladies choniques traitées à Vals se rapportent directement à l'appareil digestif ou à l'appareil circulatoire le sens du goût avantageusement excité est, sans contredit, un premier élément de succès.

Pour les malades pouvant supporter aisément les eaux froides il est donc agréable de suivre un traitement minéral sans être nullement incommodé ; les personnes trop affaiblies et dont les muqueuses stomacales ou intestinales s'accommoderaient mal au début avec les eaux froides prendront donc avec profit les eaux tièdes et arriveront insensiblement à la fin du traitement à supporter les eaux froides. Les exemples sont nombreux de cette catégorie de malades arrivant parfaitement à ingérer au bout de quelques jours les eaux froides.

Maintenant l'eau thermale est-elle préférable à l'eau minérale froide ? Nous répondrons catégoriquement : non — et pour cette unique raison que l'eau thermale n'a point encore acquis toutes ses propriétés thérapeutiques et que les sels qui y sont dissous peuvent, sous l'influence de causes extérieures, en passant d'un milieu à l'autre, subir une transformation chimique et ne pas se dissoudre complètement. La vraie et saine eau minérale sera donc celle qui se sera refroidie d'elle-même au sein de la nature et, par le fait même qu'elle sera puisée ainsi « faite », pour employer une expression vulgaire, elle demeurera désormais invariable.

En résumé :

Les eaux bicarbonatées sodiques de Vals sont de premier ordre ;

Leur composition chimique est constante ;

Elles sont sériées suivant les besoins du corps humain ;

Leurs effets thérapeutiques sont constants :

Elles répondent à toutes les indications cliniques.

Comme on le voit, les eaux de Vals offrent à la médecine une thérapeutique plus étendue que les eaux de Vichy et n'ont certainement pas d'égales.

Quant à l'Etablissement thermal de Vals, il a su se placer au premier rang des établissements similaires. Un homme d'action et d'énergie, auquel nous sommes fiers d'adresser ici l'hommage de notre respectueuse admiration, M. Henri Vaschalde, dirige avec toute l'expérience que lui donne une pratique savante et des recherches scientifiques très approfondies, ce grandiose établissement.

LES GRANDES SOURCES DE VALS

Vals Charmeuse

L'eau de la source Charmeuse, d'une minéralisation normale, excessivement riche en acide carbonique libre, constitue à la fois la meilleure des eaux de table connues et le type accompli des eaux médicinales légères. Pétillante, d'un goût parfait, elle donne aux boissons auxquelles elle est mélangée, notamment aux apéritifs, une saveur délicieuse : c'est un désaltérant incomparable. Elle active la digestion et procure un sentiment de bien-être inaccoutumé. On peut en boire longtemps et avec abondance sans être incommodé.

Grâce à ses qualités et surtout à son grand débit, qui permet de la livrer à un prix excessivement réduit, elle a conquis à Lyon et dans la région lyonnaise la première place parmi les meilleures eaux de table.

La Source du Parc

Quel est l'hôte de la station qui ne connaît la source du Parc. C'est une des meilleures de Vals

Source moyenne, comme l'indique son analyse, à la fois eau de table agréable et eau médicinale très recommandée, elle réunit, puisée directement au Griffon, toutes les qualités hygiéniques si appréciées aujourd'hui.

Très coquettement installée à l'entrée de Vals, avec son élégant chalet, nul ne peut résister au désir de la visiter.

Sources Alexandrine, Victorine et Amélie

La source Alexandrine, qui s'est accrue depuis quelques mois des sources Victorine et Amélie, est sans contredit la boisson de table type. L'heureuse proportion de ses sels calciques la rend particulièrement douce à l'estomac.

VILLA DE LA SOURCE ALEXANDRINE

A tous les baigneurs et baigneuses nous dirons : Ne quittez point Vals sans aller vous rafraîchir au moins une fois à la source Alexandrine, sise avenue Farincourt, et jugez par vous-mêmes de ses multiples qualités.

Source Saint-Jean

La source Saint-Jean, dont la renommée est aujourd'hui universelle, est située au milieu même du parc de la Saint-Jean, abritée par un élégant pavillon. C'est une des curiosités de la station. C'est aussi celle des eaux minérales de Vals la plus exportée, tant en France qu'à l'étranger. Il n'est pas de baigneur qui ne vienne à Vals sans aller boire au moins un verre à cette source.

La Précieuse

La Précieuse fait, à proprement parler, partie du parc de l'Intermittente, dont elle est pour ainsi dire la base. C'est ainsi que chaque jour, de 4 à 5 heures, après le concert du Nouveau Parc, on aperçoit une file ininterrompue de baigneurs descendre jusqu'à cette source et en rapporter un verre de cet excellent liquide.

Rigolette-Désirée

Le pavillon des sources Rigolette et Désirée, avec sa petite terrasse extérieure, décore admirablement le parc de Vals, dont il marque comme le milieu. Sous de riants ombrages, le baigneur aime à venir s'arrêter quelques minutes à l'ombre de ce pavillon et descendre au-dessous sous la grotte la plus fraîche qui soit au monde, pour reprendre ensuite sa promenade sous les mille sapins qui s'enchevêtrent çà et là.

Source Dominique

Si cachée qu'elle soit au fond même du parc, comme dans un antre profond, nul ne l'ignore, et serais-ce par simple curiosité, tout le monde veut la visiter. C'est une des sources dont s'enorgueillit la station et qui a pour principe essentiel

l'arsenic. Que de malades connaissent son efficacité et que de personnes arrivent encore aujourd'hui à Vals chétives et malingres et en repartent, après quelques jours de traitement, en bonne santé. Voilà ce que la station de Vichy ne peut revendiquer et ne revendiquera jamais.

Source Magdeleine

Ce qu'il y a de curieux à constater à Vals, c'est que chaque source d'eau minérale présente un aspect particulier, une originalité propre. A l'œuvre de la nature, quoique inimitable, l'artisan a tenu, lui aussi, à ajouter la sienne, et ce n'est point là un des moindres attraits que présente à Vals le refuge de nos si captivantes naïades. La Magdeleine peut être fière de son gîte.

Source Impératrice

Saint-Jean et Impératrice voilà bien les deux sources que nous rencontrons le plus souvent à la table de la haute société parisienne. Peut-être le mot Impératrice est-il déplacé aujourd'hui et comme certain tarasconnais le disait l'an dernier à la donneuse qui lui en tendait un verre « le mot Impératrice n'a plus cours aujourd'hui » celle-ci lui répondit sans perdre haleine : « mais vous oubliez Monsieur que si nous sommes en République, nous avons quand même une Impératrice, c'est l'Impératrice de Russie. »

Les Perles de Vals

Des eaux minérales de la région de Vals qui émergent d'une roche de transition quartzeuse et feldspathique, au voisinage de coulées volcaniques anciennes, les unes faiblement minéralisées servent d'eaux de table tandis que les autres plus chargées en sels carbonatés sont employées comme modificateurs thérapeutiques.

Parmi ces eaux, les Perles de Vals tiennent le premier rang par leur limpidité, leur richesse en gaz acide carbonique, leur goût agréable et l'heureuse association des sels qu'elles renferment. Grâce à cette supériorité, elles ont bientôt conquis la faveur des plus hautes autorités médicales, que devait bientôt suivre celle du grand public soucieux de sa santé. Aussi leur vente a-t-elle pris en quelques années un développement considérable qui s'accroît chaque jour davantage. Ces sources ont un avantage incontestable, c'est que le lavage des bouteilles est fait avec de l'eau minérale descendant du sommet du coteau d'où jaillit la Perle 1er degré..

On a donné à ces eaux le nom de Perles à cause de leur richesse en acide carbonique, qui fait que, versée dans un verre, l'eau d'une bouteille dégage des milliers de bulles de gaz que l'on voit adhérer aux parois du vase qui la reçoit.

Elles présentent plusieurs degrés de minéralisations et peuvent par suite remplir toutes les indications thérapeutiques.

Nous ne saurions trop le répéter, l'eau des sources, des puits, des rivières est presque toujours plus ou moins souillée par des matières végétales ou animales en décomposition qui s'y introduisent par infiltration. Il est aujourd'hui démontré que les germes de la fièvre typhoïde en particulier sont introduits dans le tube digestif par l'eau. Bien d'autres maladies ont la même origine et l'on ne peut les éviter qu'en consommant des eaux venant des profondeurs du sol, garanties de toute souillure par une épaisseur considérable de rochers et par leur éloignement des habitations. Telles sont la Reine du Fer, que nous rencontrerons plus loin au chapitre de l'excursion d'Antraigues, et les Perles de Vals.

Ajoutons que les Perles de Vals et la Reine du Fer ont une composition telle que la comparaison de leur analyse avec celle du sang humain nous fait reconnaître qu'elles contiennent presque tous les principes minéralisateurs de ce liquide organique.

C'est ainsi que la nature met le plus souvent le remède à côté du mal et que la science nous indique la voie à suivre pour le découvrir et en faire un emploi salutaire.

L'usage fréquent sinon habituel d'eaux comme la Reine du Fer et les Perles s'impose au plus grand nombre des familles qui tiennent à conserver ou à récupérer leur santé et leurs forces et qu'y peuvent y recourir sans s'imposer de trop lourds sacrifices. C'est là, dans les conditions ordinaires de l'existence, un moyen commode autant que certain de rendre l'organisme plus capable de résister aux causes de maladie qui l'entourent sans cesse.

Sources la Reine et Vals ✖✖✖

Ces deux sources, savamment exploitées avec toutes les exigences que recommande l'hygiène, sont mises en bouteille par un procédé spécial à l'usage des personnes qui veulent faire un traitement à domicile. Elles atteignent comme exportation un chiffre considérable et jouissent dans tout le Midi d'une incontestable réputation due à leurs excellentes qualités thérapeutiques.

Source Béatrix

De même que les privilèges ne cesseront jamais, la source Béatrix demeurera toujours la source favorite de la clientèle de Vals. Nos baigneuses surtout n'ont envers elle assez de

paroles flatteuses et les enfants qui cherchent toujours à surprendre aux conversations des parents de répéter sans cesse lorsqu'ils sont à Vals : « Allons à la Béatrix ».

Sources Saint-Paul et Saint-Charles

Les baigneurs qui viennent à Vals ne manquent point en général d'aller visiter les fameuses grottes de Lautaret, à là Bégude. A leur retour nous leur conseillons de s'arrêter, avant de franchir le pont en pierre sur l'Ardèche, au pavillon des sources Saint-Paul et Saint-Charles où ils seront reçus avec la plus grande affabilité. Ils jugeront par eux-mêmes des remarquables propriétés de ces deux sources.

Sources Saint-James

Les sources Saint-James sont des eaux essentiellement médicinales, très efficaces contre les maladies de l'estomac et de l'appareil digestif. Les malades qui viennent faire une cure à Vals ne manquent point à leur départ d'emporter quelques flacons de cette eau pour compléter plus efficacement l'heureux effet de leur traitement.

Source Phénix

La source Phénix est une eau essentiellement reconstituante, limpide, très pétillante, d'un goût savoureux soit qu'on la boive pure soit mélangée avec du vin. C'est un puissant digestif. Par son heureuse composition et grâce au fer qu'elle renferme en quantité notable, elle tonifie l'estomac et

stimule l'appétit. Nombre de malades en traitement à Vals ne quittent point la source Phénix, dite l'Effervescente. Les touristes de passage à Vals ne manquent point d'aller se rafraîchir à cette source bienfaisante pour continuer sans encombre leur promenade. On peut la visiter à toute heure du jour.

Le Progrès et la Parisienne

Deux sources également très en honneur parmi la colonie étrangère. D'un goût très agréable ce sont des eaux de table par excellence, d'un goût piquant très caractéristique et pouvant supporter sans aucune altération les transports les plus lointains. Leur exportation atteint chaque année un chiffre très élevé.

Les Renommées

Forment trois groupes distincts ayant chacun un caractère différentiel. Leur nom indique assez la vogue dont elles jouissent. Pour les nouveaux venus à Vals nous ajouterons à titre de renseignements qu'elles sont situées à quelques mètres au-dessus de l'avenue Farincourt, entre le pont en pierre sur la Volane et le pont de la Saint-Jean. Un petit sentier donne directement accès à ces trois sources.

Source des Augustins

La source des Augustins, située à l'entrée même de Vals, se distingue entre toutes par sa richesse en sels minéraux et en gaz acide carbonique libre.

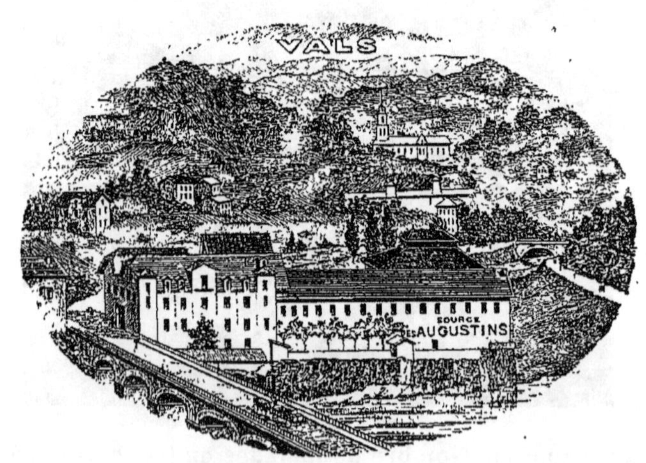

En raison de son grand débit et de son exportation, qui s'accroit sans cesse, un merveilleux bouchon automatique breveté et inusable, empêchant l'évaporation des gaz pendant la consommation, est offert gratuitement à tout acheteur d'une caisse de 50 bouteilles.

Source Franco-Russe

La source Franco-Russe est une eau minérale naturelle purgative, qui coule dans le petit village d'Ucel, à trente minutes de Vals. Grâce aux principes minéralisateurs qui y sont dissous, la médecine se l'est appropriée et elle peut lutter aujourd'hui avec toutes les eaux minérales purgatives. Dépurative et diurétique, elle est très efficace contre les maladies de l'appareil biliaire. Elle combat avec succès les constipations les plus rebelles, les inflammations du tube digestif, les aigreurs d'estomac et l'obésité. C'est une eau dépurative et qui peut être prise par les personnes même les plus délicates.

Par son analyse elle ajoute une nouvelle série aux quatre séries que nous avons énumérées plus haut.

ANALYSE

Soude	0.370
Sulfate de soude	1.491
Chlorure de sodium	0.168
Carbonate de chaux	0.395
Sulfate de magnésie	0.402
Fer et alumine	0.004
Silice	0.018
Total	2.843

« Pourquoi porter à l'étranger le fruit de nos économies, de nos labeurs ? La France si riche en eaux minérales de toutes sortes n'a pas même à lui envier ses purgatives. » Ainsi s'exprimait en 1873, dans son cours d'hydrologie, le docteur Gubler. A l'heure où les eaux purgatives étrangères menacent d'envahir notre territoire, nous ne saurions assez nous élever contre cette intrusion de l'étranger que tout bon français doit condamner et réprouver.

Les Délicieuses

Comme leur nom l'indique, les Délicieuses sont des eaux de table parfaites, s'accommodant très bien avec un frugal repas. Diversement graduées, elles possèdent toute la gamme des eaux bicarbonatées sodiques, et peuvent ainsi être employées très utilement comme eaux médicinales. Les sources jaillissent naturellement à quelques mètres des Quinconces et ont donné leur nom à un élégant hôtel qui surplombe la Volane.

Sources Saint-Jacques — Colonies — Lorráine

Trois sources qui ont conquis, dans tout le midi de la France, et surtout en Algérie, une solide réputation. Les Marseillais semblent ne connaître de Vals que ces trois sources. C'est la meilleure preuve de leur efficacité et des cures merveilleuses qu'elles ont produites. .

Les Vivaraises

Les grottes vivaraises, avec leur spacieuse terrasse sur la Volane, sont, l'après-midi, le rendez-vous d'une foule élégante. Très habilement construites, elles abritent cinq sources abondantes dont la renommée a consacré à jamais le succès.

****

Telle est, brièvement résumée, la nomenclature des grandes sources de Vals. Elles présentent toutes des garanties de premier ordre et font honneur à la station thermale. Aussi recommanderons-nous aux personnes susceptibles de faire usage des eaux de Vals de n'en consommer aucune qui ne rentre dans cette catégorie et de se méfier des autres eaux qui pourraient leur être présentées.

Produits aux sels de Vals

Une usine spéciale, renfermant une installation mécanique de premier ordre et les appareils d'évaporation les plus perfectionnés, l'usine Casimir Croze et Cie, travaille à extraire les sels minéraux de l'eau naturelle des sources avec tous les soins exigés par cette délicate opération. L'eau est amenée par une pompe puisant directement aux différents griffons dans une bâche d'alimentation d'où elle s'élève successivement en passant d'un des cylindres horizontaux au suivant, jusqu'au cylindre supérieur, constamment soumise dans ce

Usine Casimir Croze et Cie

trajet à l'action de la vapeur surchauffée fournie par un générateur placé dans une chambre voisine ou chambre de chauffe. La vapeur produite par l'évaporation de l'eau dans chaque cylindre au lieu de se perdre dans l'atmosphère sert à l'évaporation des cylindres inférieurs de manière à restituer avant de se condenser toute sa chaleur utile. C'est, on le voit, le système employé dans les raffineries. Une pompe à vide permet de déterminer un puissant appel de vapeur de façon à hâter encore l'évaporation.

Les bonbons digestifs et les pastilles de l'usine Casimir Croze s'exportent aujourd'hui dans le monde entier.

Horaire des Trains

Trains arrivant à Vals

De Marseille par le Teil, à 7 h. 14 matin ;
D'Alais, à 10 h 08 matin ;
De Paris (rapide viâ Valence), à 11 h. 56 matin ;
De Marseille, Nîmes, Alais à 2 h. 03 soir ;
De Paris (express), Lyon (viâ Tournon) à 4 h. 29 soir ;
De toutes les directions, à 6 h. 38, 9 h. 25, 11 h. 30 soir ;

Trains partant de Vals

Pour Lyon, Valence, Privas, à 3 h. 50 matin ;
Pour le Midi, à 5 h. 27 matin ;
Pour toutes les directions, à 8 h. 20, 11 h. 46 matin, 2 h. 46
  soir ;
Pour Alais, à 5 h. 07 soir ;
Pour le Teil seulement 7 h. 48 soir ;

Trajet-Paris-Vals

1ᵉ Rapide (1ʳᵉ classe) viâ Valence-Livron-Lavoulte :
Paris, départ, à 8 h. 20 soir ;
Valence, arrivée, à 5 h. 42 matin ;
Valence, omnibus, départ, à 7 h. 14 matin ;
Vals par Livron, arrivée, à 11 h. 56 matin ;

2º Express, 1ʳᵉ 2ᵉ 3ᵉ classe :

Paris, départ, à 10 h. 40 soir ;

Lyon (vià le Teil) départ, à 10 h. 52 matin ;

Vals, arrivée, à 4 h. 29 soir ;

Postes et Télégraphes

Heures des levées et des distributions des Courriers

Le bureau est ouvert tous les jours sans exception, de 7 heures du matin à 9 heures du soir. Du 1ᵉʳ juin au 30 septembre.

Départ pour le Nord, Paris, Lyon, Grenoble, Valence, Privas, Aubenas, Alais, Nîmes, Montpellier, Avignon, à 10 h. 25 matin ;

Pour Labégude et les lignes du Nord, à 1 h. 35 soir ;

Pour toutes les directions, à 6 h. 25 soir.

La dernière levée des boîtes en ville a lieu à 5 h. 15 soir.

Arrivées de toutes les directions, à 7 h. 35 matin.

Distribution dès 8 heures.

Arrivées de Valence, d'Alais et du Nord, à 11 h. 30 matin.

Distribution dès midi.

D'Alais, d'Aubenas, de Paris à la ligne de Bordeaux et la ligne, à 2 h. 45 soir.

Distribution à 3 h. 15.

Le service des distributions de l'après-midi a lieu tous les jours sans exception.

Cultes

L'église de Vals, qui orne si bien la station thermale, est située au cœur même de Vals. C'est un vrai bijou d'architecture et de peinture dû à la générosité d'une famille valsoise bien connue. Pendant la saison, messes spéciales pour les baigneurs.

Le temple protestant est situé Grande-Rue, à quelques mètres seulement de l'église, mais de sens inverse.

Voitures de promenades

S'adresser aux loueurs de voitures et avoir bien soin de faire son prix à l'avance : à la journée, demi-journée ou à la course.

On trouvera également des chevaux de selle et des petits ânes d'Ucel, qui se tiennent derrière le parc de l'Intermittente.

Journaux

Vals Thermal. — 17e année. — Ovide Jouanin, directeur. — Organe des intérêts de la station et des eaux minérales. Paraît tous les samedis avec la liste des étrangers arrivés pendant la semaine. Les colonnes de *Vals Thermal* sont ouvertes à toutes les généreuses initiatives.

Vals-Programme. — Directeur : G. Forges, ex-rédacteur de *Vals-les-Bains Gazette.* — Journal littéraire, artistique, mondain et théâtral. Paraît toutes les semaines avec la liste des étrangers et le programme du Casino.

Vals-Programme représente à Vals les intérêts de la station et de la colonie étrangère. — Collaborateurs : André Maz, de *l'Ardèche littéraire* ; L. Geoffroy, etc.

Publicité : Eugène Croze fils.

VALS DÉLICIEUSES

Bibliographie

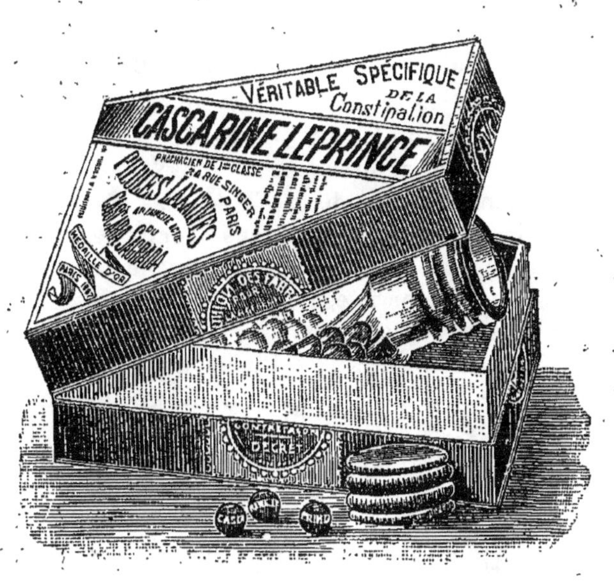

NEYRAC-LES-BAINS

A 14 kilomètres seulement de VALS-LES-BAINS

CHARMANTE EXCURSION RECOMMANDÉE AUX CYCLISTES

Site pittoresque au pied du Volcan du Soulhol

Etablissement Thermal de 1re Ordre

Vve MAHISTRE

PROPRIÉTAIRE

HOTELS, NOMBREUX PARCS

Les Eaux de Neyrac sont aujourd'hui universellement renommées pour leur efficacité dans une infinité de cas.

ELLES SONT ORDONNÉES CONTRE :

Les maladies de la peau. — Les affections syphilitiques. — Les affections scrofuleuses. — Le Scorbut. — Les affections rhumatismales et goutteuses. — La Névralgie sciatique. — Les affections du tube digestif. — Les affections des voies respiratoires. — Les affections nerveuses : Névropathie, Paralysie, Chorée, Epilepsie, Hypocondrie. — L'Anémie, la Chlorose, la Leucorrhée, la Dysménorrhée et l'Aménorrhée. — Les Ulcères chroniques. — Les blessures anciennes. — Cicatrices temporaires. — Plaies fistuleuses. — L'Adénite cervicale. — Les Varices. — La Rétraction musculaire. — L'Hydarthrose. — Les affections des organes génito-urinaires. Les suites d'opérations chirurgicales.

Saison du 15 Mai au 15 Septembre

HOTELS RECOMMANDÉS
et de Premier Ordre

GRAND HOTEL DES BAINS - GRAND HOTEL DES DÉLICIEUSES
GRAND HOTEL TERMINUS
GRAND HOTEL CONTINENTAL ET DE RUSSIE
GRAND HOTEL DE PARIS   GRAND HOTEL DE LA POSTE
GRAND HOTEL DURAND

VILLAS RECOMMANDÉES

VILLA ALEYSSON   VILLA DE LA SOURCE ALEXANDRINE
VILLA BEAUME
CHALET LAMARTINE   VILLA BEAU-SITE
VILLA DE BERNARDY
VILLA BEAU SÉJOUR   VILLA LADET
VILLA SAINT-MARTIN

Bains Résineux, Térébenthinés, Russes, Aromatiques

AUDIGIER-MAZA
Gare de VALS-LES-BAINS (Labégude)

GRAND HOTEL DES BAINS

TRAITEMENT ET GUÉRISON DU RHUMATISME AIGU
NÉVRALGIES, CATARRHES CHRONIQUES, BRONCHITES, LUMBAGO
GOUTTE, INFLUENZA
CHAUD ET FROID NÉGLIGÉ, ETC.

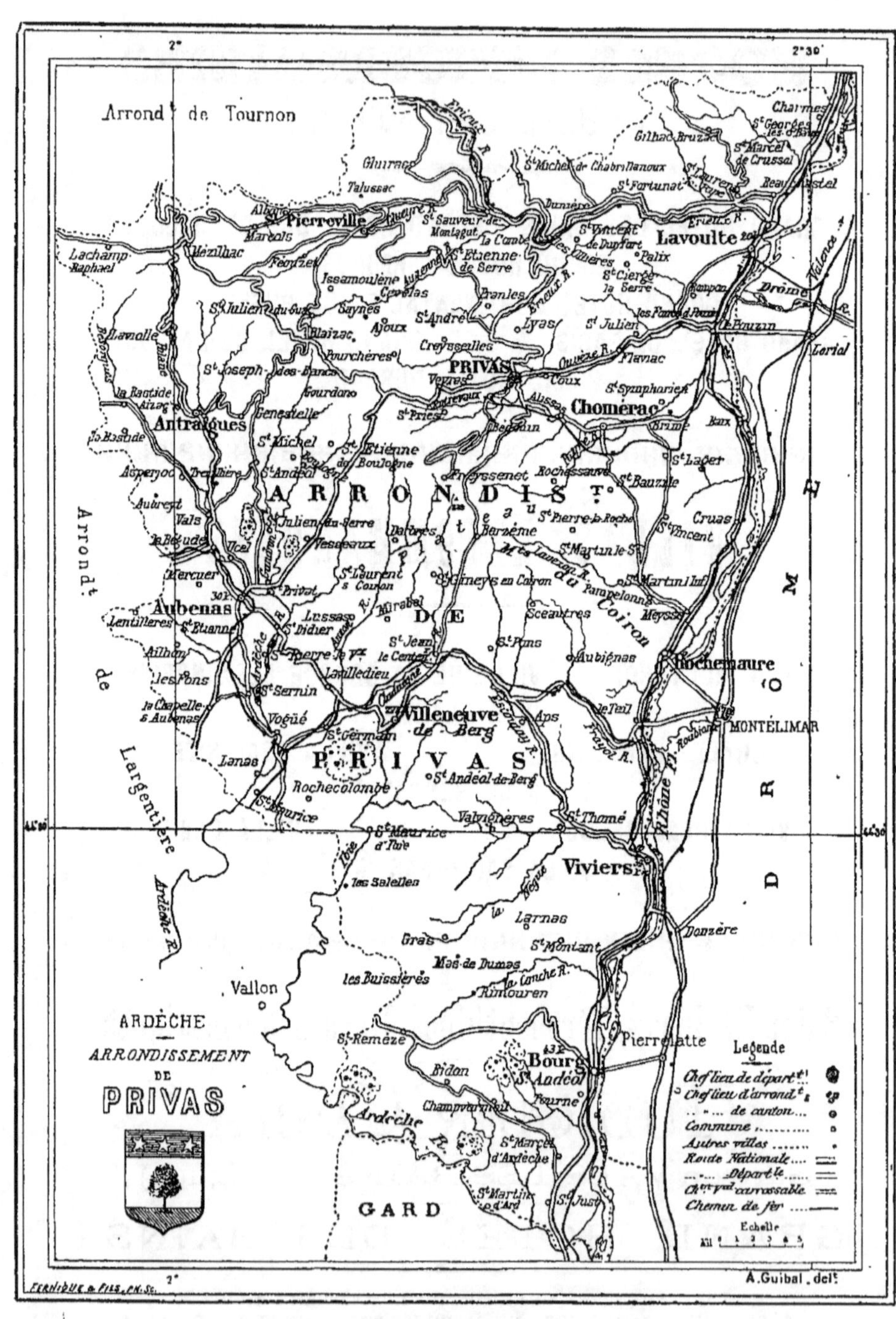

Carte de l'Arrondissement de Privas

Extrait de la collection de *France-Album*. (Voir l'album n° 39, spécial à Vals et à ses environs)

LA VIVARAISE, AGENCE RÉGIONALE DE VALS

Eugène CROZE Fils

BUREAUX : **Avenue Farincourt**, en face le grand Etablissement thermal

Vente, Achat, Location, Immeubles toutes natures
Fonds de Commerce — Achat et vente Sources Eaux minérales
Location Villas et Appartements — Publicité — Renseignements

PUBLICITÉ EXCLUSIVE DU GUIDE ILLUSTRÉ DE L'ÉTRANGER A VALS-LES-BAINS
ET DU VALS-PROGRAMME, ORGANE DES INTÉRÊTS DE LA STATION

EAU MINÉRALE NATURELLE DE VALS

Troubles digestifs des enfants, dégoût, indigestions, ballonnement du ventre, **entérite, jaunisse, convulsions.**

SOURCE DES ENFANTS

Insomnies
Rougeurs, Eczémas

DIARRHÉE INFANTILE

Adresser les demandes au Gérant de la Source des Enfants
à **VALS-LES-BAINS (Ardèche)**

GRAND CAFÉ GLACIER DU CASINO

FONTAINE, Propriétaire

Consommation de premier choix

SERVICE IRRÉPROCHABLE

Terrasses magnifiques sur la Volane
et le Parc

Tous les jours Concerts dans le Parc

Nous appelons l'attention de nos lecteurs sur les BUVARDS (de qualité supérieure) encartés dans le présent volume offerts en souvenir du

QUINA-LAROCHE

SOURCE

Franco-Russe

EAU MINÉRALE NATURELLE LAXATIVE

R. LACOSTE

UCEL, près VALS (Ardèche)

Diplôme de Médaille d'Or avec Croix insigne

EXPOSITION INTERNATIONALE, PARIS 1898

La caisse de 50 bouteilles. . .   20 francs.
—   25   — . . .   10 —
Prises en gare de départ

Nous sommes heureux de mettre sous les yeux de noslecteurs les différentes attestations suivantes, qui témoignent les éminentes qualités de la source FRANCO-RUSSE.

Aubenas, le 29 Novembre 1897.

« Monsieur Lacoste,

« Comme je vous l'ai déjà dit, votre eau « Franco-Russe » me fait beaucoup de bien. La constipation dont je souffrais depuis plus de trois ans a complètement disparu.

« FAVIER, chef de gare à Aubenas.»

Aubenas, le 13 Décembre 1897.

« Monsieur Lacoste,

« Depuis longtemps, je souffrais de maux d'estomac ; je digérais difficilement et étais souvent atteint d'une migraine qui me rendait tout travail pénible.

« Sur l'indication d'un ami, j'ai fait usage de votre eau
« Franco-Russe », et ma migraine a complètement disparu.

« ARNAUD, comptable. »

Valence, le 26 Avril 1898.

« Monsieur Lacoste,

« L'eau de votre source « Franco-Russe » nous a fait le
plus grand bien ; elle nous a permis de supprimer l'emploi de
la tisane des Shakers. La digestion se fait très bien et nous
mangeons d'un bon appétit ; la nuit aussi nous dormons beaucoup mieux.

« PRINSARD, capitaine en retraite. «

Nice, le 10 Janvier 1898.

» Monsieur Lacoste,

« J'ai épuisé toutes les eaux et purgatifs du Monde entier,
et je viens de constater que l'eau « Franco-Russe » a eu de
très bons résultats pour mon pauvre intestin si rebelle à
toutes les médecines.

« M. V᷎ B., à Nice »

Marseille, le 15 Janvier 1898.

« Monsieur Lacoste,

« Depuis que je fais usage de votre eau « Franco-Russe »,
la constipation et les embarras d'estomac dont je souffrais il y
a longtemps, ont complètement disparu.

« Paul FALLOT, à Marseille. »

« Monsieur Lacoste,

« Pendant près d'un an, j'ai souffert d'une grave maladie
d'estomac qui m'empêchait de digérer les aliments les plus
légers y compris le lait.

« Sur les conseils de M. Martin, docteur à Aubenas, j'ai
essayé de boire de votre eau « Franco-Russe », laquelle m'a
redonné l'appétit avec le retour de mes forces. La constipation
dont je souffrais a aussi complètement disparu.

« LABROT-BROUSSE Père, au Pont-d'Ucel. »

Ucel, le 16 Avril 1898.

« Monsieur Lacoste,

« Mon petit-fils, âgé de six mois, était très constipé et avait
la figure couverte de maux.

« Depuis que nous lui faisons boire de votre eau « Franco-
Russe », mêlée à du lait chaud, maux et constipation ont
insensiblement disparu.

« Henri MARTIN. »

Grand Hôtel de la Poste

OUVERT TOUTE L'ANNÉE — ENTIÈREMENT RESTAURÉ A NEUF

Tenu par M. VERNET, Vals-les-Bains (Ardèche)

Hôtel admirablement situé et des mieux aménagés. — Villas pour familles.—
Parcs.— Jardins.— Salles d'ombrage.— Terrasses.— Propriété de l'Hôtel.

PRIX MODÉRÉS. — OMNIBUS A TOUS LES TRAINS

HOTEL CONTINENTAL ET DE RUSSIE

L. BREYSSE, Propriétaire

Entièrement remis à neuf. — Confort moderne. — Au centre de l'Avenue
Farincourt. — Cuisine renommée. — Restaurant. — Service à la carte et à
prix fixe. — Grands vins. — Prix modérés. — Omnibus à tous les trains.

VALS GRAND HOTEL DES DÉLICIEUSES

Réparé et Meublé à Neuf

AVEC TERRASSE JARDINS — PRÈS DU CASINO

M. PRIVAT

Grand confortable — Bonne cuisine — Eau à tous les étages — Omnibus
à tous les trains.

Grand Hôtel de Paris

tenu par **J. ARMAND Fils**
Propriétaire à Vals-les-Bains (Ardèche)
Entièrement remis à neuf, cet hôtel se
recommande à MM. les Baigneurs par sa situation exceptionnelle au centre
des sources, à l'entrée du Parc, quatre mètres du Grand établissement thermal,
en face le Casino. — Table d'hôte. — Service particulier. — Vins de première
marque. — Deux sources d'eau minérale dans l'hôtel : « La Pétillante » et
l' « Incomparable ». — Omnibus de l'hôtel à tous les trains.

HOTEL DURAND

Ouvert toute l'année — VALS, en face l'Eglise
et la Poste, entièrement meublé à neuf avec
tout le confortable moderne. — Etablissement
de premier ordre, Belle terrasse ombragée, Arrangements spéciaux pour séjours prolongés, Pension
bourgeoise, Table et vins renommés, Restaurant, service à la carte et à prix-fixe, Voiture à la disposition de MM. les Baigneurs, faisant le service gratuit de l'hôtel aux eaux, Prix modérés, Omnibus de
l'hôtel à tous les trains.

GRAND CAFÉ DE LA FAVORITE

FABRE, propriétaire
Seul établissement
servant la **bière**

Ousset. — Rendez-vous des voyageurs de commerce, garage pour bicyclettes, membre de
U. V. F. et du Vélo-Club valsois, salon de correspondance, consommations de première marque, le
mieux situé du bassin des eaux, journaux de Paris.

7

Hôtel du Louvre

J. GIRAUD, à Privas (Ardèche)

Confortable et de 1ᵉʳ ordre — Table d'hôte — Pension bourgeoise —
Recommandé à MM. les Voyageurs et Touristes —Conditions spéciales
offertes aux Touristes, Cyclistes et groupes d'Excursionistes. —Omnibus à tous les trains.

SPÉCIALITÉ DE PATÉS & CONSERVES DE GIBIERS
Médaillés à l'Exposition de Lyon

GRAND HOTEL MAZARIN
LARGENTIÈRE (Ardèche)

Recommandé aux Cyclistes et aux Touristes. — Hôtel de premier ordre.

NEYRAC-LES-BAINS

GRAND HOTEL DES BAINS
VIGIER, Propriétaire

Vaste parc ombragé — Cuisine renommée — Restaurant à la
mode — Service à la carte et à prix fixe — Prix modérés — Rendez-
vous de tous les Touristes.

THUEYTS

HOTEL VIDALENCHE

Recommandé aux Touristes —Table renommée—Frais ombrages
à 800 mètres d'altitude — Déjeuners sur commande — Paniers pré-
parés pour excursions — Prix modérés.

JOYEUSE

HOTEL DE L'EUROPE
CH. CHAMONTIN, Propriétaire

Recommandé aux touristes, excursionnistes, cyclistes se rendant
au bois de Paiolive ou dans la Basse-Ardèche. —Cuisine renommée—
Vins de premières marques — Garages pour bicyclettes — Voitures à
volonté—Services pour Largentières, Ruoms, Beaulieu, Berrias et les
Vans.

HOTEL THÉODORE
RUOMS (Ardèche), à proximité de la Gare

Cuisine renommée—Garrage pour bicyclettes—Voitures confortables
et paniers pour excursions—Guide à la disposition des touristes.

MAISON LOUIS COSTE

Photographe, en face de l'Établissement thermal de Vals-les-Bains (Ardèche)

TRAVAUX PHOTOGRAPHIQUES POUR MM. LES AMATEURS

Fournitures pour la photographie, Appareil Pocket kodok pliant, Laboratoire à la disposition des Amateurs, Vues de Vals et ses environs

Spécialité d'articles Souvenirs de Vals

Capsules métalliques, Spécialité pour Eaux minérales

Eug. PUJOS, L. MEYNIEU & Cie, Succ^{rs}

Brevetés s. g. d. g,

24, Cours Saint-Médard, BORDEAUX

AGENT GÉNÉRAL : Eugène CROZE Fils, Avenue Farincourt, VALS

Lièges et Bouchons en Gros — Maison BIOLAY & CHAVEROT

E. DIDIER, SUCCESSEUR

Fabricant à CUERS (Var).— Bureaux : 8, rue Lanterne, LYON

SPÉCIALITÉ POUR EAUX MINÉRALES

Représentant : **Eugène CROZE Fils,** Avenue Farincourt, VALS

ERNEST DUPLAN

MARCHAND-TAILLEUR — AUBENAS

Hautes Nouveautés — Coupe irréprochable — Costumes cyclistes

MEMBRE DE L'ACADÉMIE DES TAILLEURS DE PARIS

Rhum des Plantations St-James

xiger la bouteille carrée. Propriété exclusive des Plantations St-James pour l'embouteillage du Rhum.

GRAND CAFÉ DU COURS
AVIGNON
Spécialement recommandé aux Ardèchois

ALBERT SERVEL, PROPRIÉTAIRE

Consommations de 1er choix — Garage pour bicyclettes — Café de réunion
Terrasse — Au centre des Affaires
Recommandé aux Voyageurs de commerce

On y trouve le Bottin, divers annuaires et le Guide illustré de l'Etranger à Vals

---

AUX SOUVENIRS DE VALS

JULES BRUN
COIFFEUR-PARFUMEUR
Avenue Farincourt **Vals-les-Bains** (Ardèche)

Parfumerie fine et article de Paris, Céramiques artistiques et autres objets d'Art, à prix réduits.

AU LAVATORY
Grand salons de coiffure pour hommes et pour dames. — Installation Anglaise, riche confortable. — Prix modérés : Lotion ferrugineuse aux sels minéraux de Vals, contre la chute des cheveux. — Médaille d'argent 1re classe. — Vente et achat de tableaux et d'objets d'art anciens et modernes.

CHABOURLIN
DISTILLATEUR-LIQUORISTE
AUBENAS

Inventeur de l'ELIXIR DE VINOBRE

BIÈRE GEORGES

MAXÉVILLE

Dépositaire Général :

A U B E N A S — V A L S

BIJOUTERIE - HORLOGERIE - JOAILLERIE

Grenats du Vivarais - Pierres des Alpes et de l'Auvergne

PORCELAINES ARTISTIQUES DE SAXE
Grand choix de fantaisies argent, Bronzes et objets d'Art

Louis BLANC

Avenue Farincourt — Maison à Aubenas

Réparation de montres et bijoux en 24 heures

GRAND CAFÉ DE LA GARE
Fortuné TASTEVIN
Propriétaire — AUBENAS

Point terminus de la station du tramway Aubenas-Vals — Garage pour bicyclettes - Restaurant - Déjeuners et Dîners sur commande — A 10 mètres de la gare d'Aubenas. — Consommations de 1re marque — Rendez-vous de MM. les Voyageurs de commerce — Ouvert à l'arrivée des trains de nuit.

SOCIÉTÉ ANONYME DES

VERRERIES DE
VALS-LES-BAINS-LABÉGUDE
(ARDÈCHE)
Fournisseur des Eaux minérales de Vals, Pougues, etc.
Bordelaises, Bourguignonnes, etc.

Adresser les Commandes au Directeur des Verreries de LABÉGUDE (Ardèche)

Bière F. Pousset

La Bière F. Pousset tient assurément le premier rang parmi les principales marques en faveur.

Elle a obtenu les plus hautes récompenses aux diverses expositions, et tous les bons établissements la recherchent aujourd'hui. Son excellente qualité et sa régularité incomparable l'ont fait apprécier à Paris et dans le monde entier.

Elle est recommandée par les médecins les plus éminents, comme *tonique, nutritive, réparatrice, fortifiante* et *rafraîchissante*. Ils la conseillent aux nourrices et aux personnes affaiblies ou malades de l'estomac.

On la trouve exclusivement à AUBENAS
GRAND CAFÉ DU SIÈCLE, Faubourg de Vernon

VERNET, Propriétaire, Membre du T. C. F., à VALS-LES-BAINS
AU CAFÉ DE LA FAVORITE

FAVRE, propriétaire, Membre de l'Union Vélocipédique de France

Elle est livrée également en bouteilles pasteurisée, par caisses de 12 et 24 bouteilles.

COMPAGNIE GÉNÉRALE TRANSATLANTIQUE
SIÈGE SOCIAL A PARIS, RUE AUBER, 6
J. DORIGNY, Agent, quai de la Joliette, 12, Marseille

Eugène CROZE Fils
Agent Régional, VALS, avenue Farincourt

Frets, Passages, Billets directs de Vals pour tous les points desservis
DEPARTS quotidiens pour Oran, Alger, Bône, Philippeville. Tunis, Malte, Sousse, Média et Monasthir.

DEPARTS mensuels, le 8, pour Barcelone, Malaga, Ténériffe, la Martinique, le Vénézuéla, la Colombie, le Pacifique, et par correspondance à Fort-de-France, avec les différentes lignes des Antilles pour les Guyanes, Porto-Rico et Haïti.

Pour tous renseignements, fret et passages pour la région Vals-Aubenas, s'adresser à
M. Eugène CROZE, Fils, Agent Général, VALS-LES-BAINS
BUREAU : *Avenue Farincourt, en face le grand Etablissement thermal*

GRANDS MAGASINS DE BICYCLETTES

Leçons et Réparations

ECHANGE, VENTE & LOCATION DE MACHINES FRANÇAISES & ANGLAISES

Vals-les-Bains | **Hyères**

Avenue Farincourt, en face le Grand Café de Lyon | 25, Avenue Gambetta, 25

EUGÈNE GARY

Automobiles, Bicyclettes Peugeot

DÉPOT :

De Stelline, Graisse et Oléonaphte de Colombes

MÉCANICIEN TITULAIRE DU T. C. F. — MÉCANICIEN POUR AUTOMOBILES

J.-H. SAINT-PRIX & Cie

Maison fondée en 1842

A SAINT-PÉRAY (Ardèche)

Saint-Péray Mousseux — Coteaux du Thioulais, de la Chaissie, Malgason, des Blaches (St-Péray) de la Côte et Bouyonnet (Cornas)

Eugène CROZE Fils, *Avenue Farincourt. VALS (Ardèche)*

ROMAIN DUTRUC

Grande Distillerie de Saint-Marcellin (Isère)

PLUSIEURS FOIS MÉDAILLÉS ET DÉCORÉS ❖ MAISON FONDÉE EN 1850

Inventeur du « Thé au Mandarin » et de l'Absinthe S^re Rectifiée

SPÉCIALITÉ DE CACAO A LA VANILLE, MENTHE BLANCHE ET VERTE

Agent régional : **Eugène CROZE Fils,** Avenue Farincourt. VALS

GRAND CAFÉ DE LA ROTONDE

AUBENAS (Ardèche)

MEYSSONNIER, Propriétaire

Consommations de premières marques — Au centre des affaires — Rendez-vous des Voyageurs de Commerce — Grands journaux Garage pour bicyclettes — Près de la station du tramway de Vals-Aubenas Spécialement recommandé aux étrangers

DIPLOME D'HONNEUR
Médaille d'Or 1re classe

AUTORISATION
DE L'ÉTAT

DIPLOME D'HONNEUR
Médailles d'Or 1re classe

APPROBATION
de l'Académie de Médecine

EXPOSITION de MADRID 1890

LES RENOMMÉES DE VALS

DITES JOSEPHA

Groupe composé de trois sources : CASIMIR ; JOSEPHA ; LA GROTTE

Les sources **Renommées** par leur situation unique à Vals, se trouvent à l'abri des infiltrations morbides et sont d'une pureté parfaite.

Le lavage des bouteilles à l'eau de source et leur rinçage à l'eau minérale permettent de les livrer à la consommation à l'état naturel le plus certain.

Les **Renommées** ont l'avantage de présenter graduellement les matières minérales les plus appréciées. **Souveraines** dans les maladies de l'estomac, **gastralgie**, **dyspepsie**, elles sont des plus **efficaces** dans les **affections du foie** ; combattent avec succès la **goutte**, les **rhumatismes articulaires**, le **diabète**, la **gravelle**, etc. ; elles sont aussi un réel préservatif contre les **fièvres**, les **maladies épidémiques**.

Par leur action puissante, la science médicale qui en a déjà fait l'heureuse expérience, est parvenue à reconstituer les tempéraments les plus délicats, les plus débilités.

Pures ou mélangées avec le vin qu'elles ne décomposent pas, elles constituent une des plus ugréables boissons, justement appréciée des gourmets.

Les **Renommées** de Vals supportent les transports les plus lointains sans subir aucune altération.

ANALYSE FAITE AU LABORATOIRE DE L'ECOLE DES MINES DE PARIS

	S. Casimir	S. Josepha	S. Grotte
Acide carbonique libre.	2g0404	1g9086	1g7140
Silice	0.0650	0.0550	0.0400
Bicarbonate de chaux.	0.2275	0.1973	0.1411
— soude	1.7.47	1.5029	1.0897
— magnésie	0.1545	0 1.66	0.0896
— potasse.	0.0167	0.0120	0.0132
— protoxyde de fer.	0.0783	0.0351	0.0457
— lithine.	tr. sen.	traces	tr. faib.
Sulfate de soude	0.0256	0.0249	0.0194
Chlorure de sodium.	0.0407	0.0354	0 0252
Total	4g4164	3g9278	3g1779

L'Ingénieur en chef des Mines, Directeur A. CARNOT.

Pour les demandes, s'adresser à la propriétaire des sources, Mlle AUGUSTINE FAURE, *à Bourg-Saint-Andéol, ou à Vals-les-Bains,* au Gérant des **Renommées**.

Dépôt dans toutes les principales Pharmacies de France et de l'Etranger, *chez tous les* Marchands d'Eaux minérales.

HORS CONCOURS

SOURCES

Le Progrès et La Parisienne

AUTORISÉES PAR L'ÉTAT

APPROUVÉES PAR L'ACADÉMIE DE MÉDECINE

ANALYSES

	Le PROGRÈS	La PARISIENNE
Bicarbonate de soude...	3.2746	2.9901
— potasse..	0.0313	0.0101
— chaux..:	0.5892	0.4892
— magnésie.	0.4564	0:0364
— fer....	0.0043	0.0032
— manganèse	0.0018	0.0011
Sulfate de soude.....	0.0481	0.0411
Phosphate de chaux....	0.0003	0.0004
Chlorure de sodium....	0.0570	0.1087
Silice	0.0750	0.0848
Alumine............	0 0028	0.0030
Total des principes fixes.	4.5408	4.0681
Acide carbonique libre..	1.8152	1.7494

Académie de Médecine de Paris.

*Brochures et notices sont envoyées
gratuitement sur demande*

Les eaux de ces sources doivent à leur riche et heureuse minéralisation de s'imposer comme emploi sans rival dans les affections de l'Estomac, du Foie, des Reins et de la Vessie. Elles sont antiseptiques par excellence et jouent un rôle remarquable dans les guérisons de l'anémie et des maladies des jeunes personnes.

Très heureusement dosées, elles peuvent être bues continuellement sans affaiblir les consommateurs.

Adresser les commandes à MM. H. LACOSTE et Cⁱᵉ, propriétaires

à VALS-LES-BAINS (Ardèche)

APPROBATION DE L'ACADÉMIE DE MÉDECINE
Autorisation de l'Etat

SOURCES
BÉATRIX, HENRIETTE, GAZEUSE, ROYALE, ETC.

LES
MEILLEURES
DE VALS

Saturées d'acide carbonique, supportent les plus longs transports et se conservent indéfiniment,
Ce sont les Eaux minérales les mieux dosées de la Station,
les plus abondantes, les Meilleures, les plus gazeuses, les plus Lithinées

Jaillissant naturellement, sans le secours de la pompe.

BÉATRIX
EST UN VRAI CHAMPAGNE MINÉRAL

Les **Meilleures de Vals** se recommandent à l'attention du monde médical par la grande quantité de lithine qu'elles contiennent, Béatrix est la plus lithinée des eaux de Vals.

Elles sont, par excellence, eaux de table et de régime, ne troublant pas le vin.

Elles guérissent les : dyspepsie ; gastralgie; gastro-entéralgie ; inflammation du tube digestif; gastrite; maladie du foie, de la rate et de la vessie ; la goutte, la gravelle, le diabète, l'albuminurie.

Béatrix est un VRAI CHAMPAGNE MINÉRAL (Dr Gaucherand, méd.-consult. à Vals-les Bains). Elle est la meilleure médication à opposer aux maladies *par ralentissement de la nutrition ;* elle est particulièrement employée dans les affections du foie.

Sa grande richesse en *lithine* en fait une médecine spécifique contre la *goutte,* le *rhumatisme, lithiase rénale* et *gravelle.* Elle rend de grands services dans le *diabète* (Docteur Gaucherand).

Béatrix est admirablement dosée, g zeuse et. fait important, *unique à Vals,* elle a 0 g. 033 de bicarbonate de *lithine. (Union médicale,* 27 sept. 1885).

Béatrix mêlée au lait bouilli, guérit la diarrhee verte de la gastro-entérite infantile (Docteur Picard).

ANALYSE DE M. LE DOCTEUR CROLAS
Professeur à la Faculté de Médecine de Lyon

BÉATRIX		Henriette
1.92	Acide carbonique. . . .	1.62
2.809	Bicarbonate de soude . .	1.588
0.231	— potasse . .	1.122
0.523	— chaux . .	0.427
0.188	— magnésie .	0.184
0.033	— lithine. .	0.0013
0.0087	— fer . . .	0.061.
0.066	Chlorure de sodium. . .	» »
0.0123	Silice	0.012
0.0038	Alumine	0.0032
0.0039	Sulfate de soude. . .	0.0211
traces	Acide phosphorique. . .	traces
traces	Arséniate de soude. . .	traces
traces	Matières organiques . .	traces
5.7987	TOTAUX	5.0396
10°	Température :	14°

Cette analyse a été reconnue par l'Académie

BÉATRIX 20 fr. la c. de 50 bout,
— **12** fr. la c. de 25 bout.
HENRIETTE — GAZEUSE — ROYALE
18 fr. la caisse de 50 bout.
en gare *Vals-les-Bains*

Adresser toutes les demandes à
M. Fulachier
à Vals-les-Bains (Ardèche)

Par 5 caisses, au m ins. 500 k. le destinataire bene.. ie du tarif spécial qui diminue de moitié le prix du transport. Remise par cinq caisses à la fois.

CHEMINS DE FER DE PARIS — LYON — MÉDITERRANNÉE

Billets d'Aller et Retour collectifs

délivrés dans toutes les Gares P.-L.-M.

POUR LES

VILLES D'EAUX

Desservies par le réseau P.-L.-M.

Il est délivré du **15 Mai au 15 Septembre**, dans toutes les gares du réseau P.-L.-M., sous condition d'effectuer un parcours minimum de 300 kilom., aller et retour, aux familles d'au moins quatre personnes, payant place entière et voyageant ensemble, des billets d'aller et retour collectifs de 1re, 2e et 3e classe valables 30 jours, pour les **stations thermales** suivantes :

VILLES D'EAUX	GARES desservant LES VILLES D'EAUX	VILLES D'EAUX	GARES desservant LES VILLES D'EAUX
Aix-en-Provence	Aix	Les Fumades	St-Julien-de-Cassagnas
Aix-les-Bains	Aix-les-Bains	Lons-le-Saunier	Lons-le-Saunier
Amphion	*Evian-les-Bains*	*Marlioz*	*Aix-les-Bains*
Allevard	*Pontch.-s.-Bréda*	*Menthon*(Lac d'An.)	Annecy
Bagnols	Villefort	Montbrun	Carpentras
Balarue	Cette	Montmirail	Sarrians-Montmirail
Besançon	Besançon	Montrond-Geyser	Montrond
Bondonneau	Montélimar	Palavas	Montpellier
Bourbon-Lancy	Bourbon-Lancy	Pougues-les-Eaux	Pougues-les-Eaux
Bourbon-L'Archamb.	Moulins	Royat	Cermont-Ferrand
Brides	*Moutiers-Salins*	Sail-les-Bains	S*t*-Martin-d'Estréaux
Cauvalat-lès-Vigan	Le Vigan	Sail-sous-Couzan	Sail-sour-Couzan
Challes	*Chambéry*	Saint-Alban	Roanne
Champel	Génève	Saint-Didier	Carpentras
Charbonnières	Charbonnières	*Saint-Gervais*	Le Fayet St-Gervais
Châteauneuf	Riom		Rémilly
Chatelguyon	Riom	St-Honoré-les-Bains	Vandenesse - St-Honoré-les-Bains
Condorcet-l.-Bains	Bollène-la-Croissière		
Cusset	Vichy	St-Laurent-les-Bains	La Bastide-St-Laurent-les-Bains
Digne	Digne		
Enzet-les-Bains	Euzet-les-Bains	Saint-Nectaire	Goudes
Evian-les-Bains	*Evian-les-Bains*	Salins (Jura)	Salins
Fonsange-les-Bains	Sauve	*Salins* (Savoie)	*Moutiers-Salins*
Gréoulx	Manosque	Santenay	Santenay
Guillon-les-Bains	Baume-les-Dame	*Thonon-les-Bains*	*Thonon-les-Bains*
La Bauche	*Lépin-Lac-d'A*	*Uriage*	Grenoble
La Caille	*Groisy-le-Pl. la-C.*	**VALS**	Vals-les-Bains-Labégude
Lamalou	Montpellier	Vichy	Vichy
La Motte-l.-Bains	*St-Georg.-de-Com.*		

Le prix s'obtient en ajoutant au prix de six billets simples ordinaires, le prix d'un de ces billets pour chaque membre de la famille en plus de trois, c'est-à-dire que les trois premières personnes paient le plein tarif et que la quatrième et les suivantes paient le demi-tarif seulement.

VOYAGES CIRCULAIRES

à itinéraire facultatif

Sur le réseau P.-L.-M.

RÉDUCTIONS TRÈS IMPORTANTES

Il est délivré toute l'année, dans toutes les gares du réseau P.-L.-M., des carnets individuels, collectifs, pour effectuer sur ce réseau, en 1re, 2e et 3e classe, des voyages circulaires à itinéraire tracé par les voyageurs eux-mêmes. Les prix de ces carnets comportent des **réductions très importantes** qui atteignent rapidement, pour les billets collectifs, 50 % du Tarif Général.

La validité de ces carnets est de : **30 jours** jusqu'à 1,500 kilom., **45 jours** de 1,501 à 3.000 kilom., et de **60 jours**, pour plus de 3,000 kilom.

Faculté de prolongation, à deux reprises, de 15, 23 ou 30 jours, suivant le cas, moyennant le paiement d'un supplément égal au 10 % du prix total du carnet, pour chaque prolongation. **Arrêts facultatifs** à toutes les gares situées sur l'itinéraire.

Pour se procurer un carnet individuel ou collectif, il suffit de tracer sur une carte, qui est délivrée gratuitement dans toutes les gares P.-L.-M., bureaux de ville et agences de la Compagnie, le voyage à effectuer et d'envoyer cette carte 5 jours avant le départ à la gare où le voyage doit être commencé, en joignant à cet envoi une provision de 10 francs.

Le délai de demande est réduit à 3 jours pour certaines grandes gares.

BAINS DE MER DE LA MÉDITERRANNÉE

Billets d'aller et retour valables 33 jours. — Billets ind. et billets collectifs (de famille)

Il est délivré, du **1er juin** au **15 Septembre** de chaque année, des billets d'aller et retour de Bains de Mer de 1re, 2e et 3e classe, à prix réduits, poér les stations balnéaires suivantes :

Agay, Aigues-Mortes, Antibes, Bandol, Beaulieu, Cannes, Golfe-Juan-Vallauris, Hyères, La Ciotat, La Seyne-Tamaris-sur-Mer, Menton, Monaco, Monte-Carlo, Montpellier, Nice, Ollioules-Sanary, Saint-Raphaël, Valescure, Toulon et Villefranche-sur-Mer,

Ces billets sont émis dans toutes les gares du réseau P.-L.-M. et doivent comporter un parcours minimum de 300 kilomètres aller et retour. — Prix : Le prix des billets est calculé d'après la distance totale, aller et retour, résultant de l'itinéraire choisi et d'après un barème faisant ressortir des **réductions importantes** pour les billets individuels, ces réductions peuvent s'elever à 50 % pour les billets de famille.

AVIS IMPORTANT

Les renseignements les plus complets sur les **Voyages circulaires** (prix, conditions, cartes et itinéraires), ainsi que sur les **billets simples et d'aller et retour, cartes d'abonnement, horaires, relations internationales**, etc., sont renfermés dans le **Livret-Guide officiel P.-L.-M.**, mis en vente au prix de **40 centimes**, dans les principales gares, bureaux de ville, et dans les bibliothèques des gares de la Compagnie ; ce livret est également envoyé contre **0 fr. 75** adressés en timbres-poste au Service de l'Exploitation (Publicité), 26, boulevard Diderot, Paris.

FRANCE-ALBUM

Albums de la VIE PARISIENNE

1. **Etudes sur la toilette.**
2. **Les Femmes d'aujourd'hui.**
3. **Fantaisies féminines.**
4. **Elégances parisiennes.**
5. **L'amour dans ses meubles.**
6. **A la Monaco.**

Chacun de ces albums contient environ 100 dessins signés H. de Montaut, Sahib, Bac, L. Vallet, Robida, Japhet, Gerbault, Job, Nolac, etc.
Prix de chaque album broché, avec jolie couverture en papier cuir. 5
Rendu franco en France et à l'étranger. 5

Leurs Péchés Capitaux. Dessins de H. Gerbault, légendes de Marni. Album avec jolie couverture illustrée en couleurs. Prix, 5 fr. — Franco France et étranger, 5.50

Nous, Vous, Eux. Album de J.-M. forain, papier de luxe, couverture illustrée. Prix, 6 fr. ; par la poste, 7 fr.
Parisiennettes. Albums de H. Gerbault, sur papier de luxe, couverture illustrée en couleurs.
Broutilles Parisiennes. Chaque album, 5 fr ; par la poste, 5.50

RHUM DES PLANTATIONS St-JAMES

EXIGER à **VALS**, dans tous les Etablissements, le **Rhum Saint-James**, recommandé par l'unanimité du corps medical.

SOURCES SAINT-PAUL
ET SAINT-CHARLES

LABÉGUDE PRÈS VALS

Adresser les commandes et renseignements à M. FOURNIER, Propriétaire

SOURCES LA REINE & VALS ★ ★ ★

LES MEILLEURES DE VALS

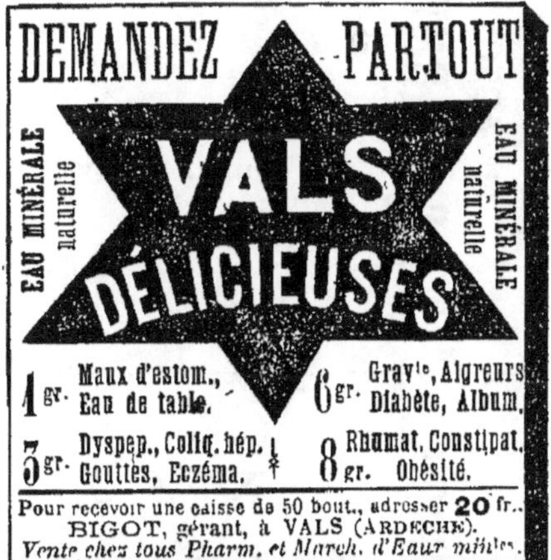

QUINA ✦ BRUNO

Lyon — Imprimérie C. ALBICY, Cours Lafayette, 5

BONS PRIMES du Guide illustré de l'Etranger à Va

Détacher chaque Bon Prime en suivant le pointillé

N° 42208 VALS-CHARMEUSE

VALS-CHARMEUSE

Eau de table de luxe

BON PRIME

donnant droit à une caisse de 25 bouteilles **Vals-Charmeus**

rendue franco en gare de Vals,

au prix de 8 francs au lieu de 11 francs

N° 42207 VALS-CHARMEUSE

VALS-CHARMEUSE

Eau de table de luxe

BON PRIME

donnant droit à une caisse de 25 bouteilles **Vals-Charmeus**

rendue franco en gare de Vals,

au prix de 8 francs au lieu de 11 francs

N° 42206 VALS-CHARMEUSE

VALS-CHARMEUSE

Eau de table de luxe

BON PRIME

donnant droit à une caisse de 25 bouteilles **Vals-Charmeus**

rendue franco en gare de Vals,

au prix de 8 francs au lieu de 11 francs

Mode d'utilisation des Bons Primes

GUIDE ILLUSTRÉ de l'Étranger à Vals-les-Bains

Détacher le Bon prime et l'adresser avec la somme à M. le Gérant des Charmeuses, à Vals-les-Bains (Ardèche).

Toute tentative de fraude sera déférée devant les tribunaux

GUIDE ILLUSTRÉ de l'Étranger à Vals-les-Bains

Détacher le Bon prime et l'adresser avec la somme à M. le Gérant des Charmeuses, à Vals-les-Bains (Ardèche).

Toute tentative de fraude sera déférée devant les tribunaux

GUIDE ILLUSTRÉ de l'Étranger à Vals-les-Bains

Détacher le Bon prime et l'adresser avec la somme à M. le Gérant des Charmeuses, à Vals-les-Bains (Ardèche).

Toute tentative de fraude sera déférée devant les tribunaux